Plan de evacuación de emergencias

Editado por:
EDITORIAL FAE, S.L.U.
Correo electrónico: editorial@editorialfae.com

Plan de evacuación de emergencias
Elsa Rubio Duce

1ª Edición

Se ha puesto el máximo empeño en ofrecer a la persona lectora una información completa y precisa. Sin embargo, Editorial FAE, S.L.U. no asume ninguna responsabilidad derivada de su uso ni tampoco de cualquier violación de patentes ni otros derechos de terceras partes que pudieran ocurrir. Esta publicación tiene por objeto proporcionar unos conocimientos precisos y acreditados sobre el tema tratado. Su venta no supone para el editor ninguna forma de asistencia legal, administrativa o de ningún otro tipo.

Reservados todos los derechos de publicación en cualquier idioma:

De conformidad con lo dispuesto en el artículo 270 del Código Penal vigente, ninguna parte de este libro puede ser reproducida, grabada en sistema de almacenamiento o transmitida en forma alguna ni por cualquier procedimiento, ya sea electrónico, mecánico, reprográfico, magnético o cualquier otro, sin autorización previa y por escrito de Editorial FAE, S.L.U.; su contenido está protegido por la Ley vigente, que establece penas de prisión y/o multas a quienes intencionadamente reprodujeren o plagiaren, en todo o en parte, una obra literaria, artística o científica.

ISBN: 978-84-1135-357-1

Impreso en España

Índice

Módulo 1. Teoría del fuego, prevención y medidas de emergencia

Módulo 2. Organización de la emergencia

Módulo 3. Protección, autoprotección y primeros auxilios

Aplicaciones prácticas

Ejercicio de evaluación final

Solucionario

Bibliografía

Índice

Módulo 1. Teoría del fuego, prevención y medidas de emergencia

Introducción

El conocimiento de la teoría del fuego constituye la base fundamental para comprender cualquier actuación preventiva o de emergencia frente a incendios. Todo fuego es una reacción química de combustión, donde intervienen tres elementos esenciales: combustible, comburente (oxígeno) y fuente de ignición o calor. La interacción de estos componentes origina lo que se conoce como el triángulo del fuego, ampliado posteriormente al tetraedro del fuego, que incorpora el elemento de la reacción en cadena.

Comprender cómo se origina y se propaga un incendio permite identificar los factores condicionantes que determinan su evolución —como la naturaleza de los materiales combustibles, la ventilación o las características del espacio—, así como aplicar las medidas preventivas adecuadas para evitar su desarrollo. A su vez, el análisis del comportamiento del fuego proporciona criterios para elegir el método de extinción más eficaz, que puede basarse en la eliminación o control de alguno de los elementos esenciales del proceso de combustión.

La prevención de incendios se apoya en un conjunto de estrategias orientadas a evitar su inicio, reducir su propagación y proteger a las personas y bienes. Estas estrategias incluyen el mantenimiento de las instalaciones eléctricas, la manipulación segura de productos inflamables, la correcta ventilación de los espacios o la señalización de las salidas de emergencia.

Durante un incendio, los principales peligros para las personas no provienen solo de las llamas, sino también de la temperatura, los humos tóxicos y la desorientación. Por ello, las medidas de emergencia y evacuación son esenciales para garantizar la seguridad. La clasificación de los incendios, el conocimiento de los medios de extinción y el manejo básico de equipos como mangueras, lanzas, extintores y bocas de incendio equipadas (BIE) son competencias imprescindibles en cualquier entorno laboral.

Objetivos

- Comprender el proceso de combustión y los elementos que intervienen en la generación del fuego (triángulo y tetraedro del fuego).
- Identificar las clases de fuego según el tipo de material combustible y determinar el agente extintor adecuado en cada caso.
- Reconocer los factores que condicionan el desarrollo de un incendio, tales como el calor, el oxígeno o la carga de fuego.
- Distinguir los principales peligros asociados a un incendio, especialmente los efectos del calor y la inhalación de humos.
- Aplicar las medidas básicas de prevención de incendios, garantizando un entorno laboral seguro.
- Utilizar correctamente los medios de extinción, comprendiendo el funcionamiento y las limitaciones de cada uno.
- Interpretar la señalización de emergencia y evacuación, así como los procedimientos de alarma y aviso.
- Adoptar una actitud proactiva en la prevención del fuego y en la respuesta ante situaciones de emergencia.

1. Interpretación de la prevención del fuego

La **prevención del fuego** se basa en un conjunto de principios científicos y técnicos que permiten evitar el inicio de un incendio o reducir sus consecuencias. Comprender los mecanismos de combustión, los elementos que intervienen en el fuego y los factores que favorecen su propagación constituye el primer paso para una actuación eficaz en materia de seguridad y emergencias.

Desde un punto de vista técnico, la combustión es una reacción química exotérmica entre un material combustible y el oxígeno del aire, en presencia de una fuente de calor suficiente para alcanzar su temperatura de ignición.

Fig. 1. La reacción libera energía térmica y luminosa, dando lugar al fuego

La prevención, por tanto, se orienta a **romper el equilibrio del proceso de combustión**, eliminando o controlando alguno de sus elementos esenciales.

Recuerda

La prevención es siempre más eficaz y menos costosa que la extinción. Una cultura preventiva implica tanto el mantenimiento técnico de las instalaciones como la formación y la sensibilización del personal.

1.1. Triángulo del fuego

El **triángulo del fuego** representa los tres elementos imprescindibles para que se produzca la combustión: combustible, comburente y calor. La ausencia de cualquiera de ellos impide que el fuego se inicie o se mantenga.

Elemento	Descripción	Ejemplos comunes	Forma de eliminación
Combustible	Sustancia que arde al reaccionar con el oxígeno.	Madera, papel, gas, gasolina, aceites.	Retirar el material o cortar el suministro.
Comburente	Sustancia que permite la combustión (normalmente el oxígeno del aire).	Aire, oxígeno comprimido, peróxidos.	Sofocar o aislar el fuego del aire.
Calor (fuente de ignición)	Energía necesaria para iniciar la reacción química.	Chispas, llamas, fricción, electricidad.	Enfriamiento o eliminación de la fuente.

Cuando los tres factores se combinan adecuadamente, la reacción se **autopropaga**: el calor generado mantiene la temperatura del combustible y continúa la combustión.

Si un trapo impregnado de aceite se deja cerca de una fuente de calor (combustible + oxígeno + temperatura elevada), puede iniciarse un incendio por autoignición.

1.2. Tetraedro del fuego

El **tetraedro del fuego** es una evolución del triángulo clásico que añade un cuarto elemento: la reacción en cadena. Representa de forma más completa el proceso de combustión moderna, especialmente en incendios con vapores o gases inflamables.

Los cuatro elementos del tetraedro son:

1. **Combustible.**
2. **Comburente (oxígeno).**

3. **Calor (fuente de ignición).**
4. **Reacción en cadena** (interacción continua de los radicales libres generados en la combustión).

La **reacción en cadena** explica por qué, una vez iniciado el fuego, este puede mantenerse incluso aunque se reduzca parcialmente alguno de los otros elementos.

La extinción puede lograrse interrumpiendo esta reacción, mediante agentes que actúan químicamente, como los polvos polivalentes (ABC) o los halones (sustancias hoy restringidas por su impacto ambiental).

Anotación

Este modelo es especialmente útil para comprender el funcionamiento de los extintores químicos, que no enfrían ni sofocan directamente, sino que interrumpen la reacción en cadena.

1.3. Factores condicionantes del incendio

El desarrollo y la propagación de un incendio no dependen solo de su origen, sino también de factores ambientales, estructurales y materiales. Estos determinan la velocidad de propagación, la intensidad del fuego y los riesgos para las personas.

Tipo de factor	Ejemplo	Efecto sobre el incendio
Ambiental	Temperatura, humedad, velocidad del viento.	Aumenta o disminuye la propagación de las llamas.
Estructural	Distribución de espacios, compartimentación, ventilación.	Favorece o limita el avance del fuego y de los humos.
Materiales	Tipo de revestimientos, mobiliario, aislamiento térmico.	Determinan la carga de fuego y el tipo de gases generados.
Humanos	Falta de mantenimiento, negligencias, manipulación inadecuada.	Incrementan el riesgo de inicio o dificultan la evacuación.

Fig. 2. Los materiales plásticos o sintéticos generan gases tóxicos como el cianuro de hidrógeno o el monóxido de carbono

Anotación

La mayoría de las víctimas en incendios no mueren por quemaduras, sino por inhalación de humos.

Ejemplo

En un incendio en una oficina, el fuego puede extenderse rápidamente si el techo es de material plástico y existen conductos de aire sin barreras cortafuego. Por el contrario, la sectorización adecuada del edificio puede confinar el incendio en una sola zona.

1.4. Material combustible

El **combustible** es el material capaz de arder al reaccionar con el oxígeno. Su naturaleza determina la clase de fuego y, por tanto, el tipo de agente extintor más eficaz.

Tipo de material combustible	Características	Clase de fuego	Agente extintor recomendado
Sólidos (madera, papel, textiles, plásticos)	Forman brasas; su combustión deja residuos.	Clase A	Agua, espuma, polvo ABC.
Líquidos inflamables (gasolina, alcohol, pinturas)	No forman brasas; arden por vapores.	Clase B	Espuma, CO_2, polvo BC.
Gases inflamables (butano, propano, hidrógeno)	Se mezclan con el aire; gran poder de expansión.	Clase C	CO_2, polvo BC.
Metales combustibles (magnesio, sodio, aluminio en polvo)	Reaccionan violentamente con el agua.	Clase D	Polvos especiales (extintores clase D).
Aceites y grasas de cocina	Elevado punto de inflamación.	Clase F (o K)	Agentes específicos para cocinas.

Ejemplo

Un incendio en una sartén con aceite no debe apagarse con agua, ya que produciría una explosión de vapor. En este caso, se debe tapar la sartén o utilizar un extintor clase F.

Legislación

Ley 31/1995, de Prevención de Riesgos Laborales, establece la obligación del empresario de adoptar medidas para la prevención y protección contra incendios.

1.5. Clases de fuego

Para aplicar correctamente las medidas de extinción, es esencial conocer la **clasificación de los incendios** según el tipo de material combustible implicado. Cada clase de fuego requiere un **agente extintor específico**, ya que el uso de uno inadecuado puede agravar la situación o poner en riesgo la seguridad de las personas.

Clase de fuego	Tipo de material combustible	Ejemplos comunes	Agentes extintores recomendados
Clase A	Materiales sólidos que arden con formación de brasas.	Madera, papel, cartón, textiles, caucho.	Agua, espuma, polvo polivalente (ABC).
Clase B	Líquidos inflamables o sólidos licuables.	Gasolina, alcohol, disolventes, pinturas.	Espuma, polvo BC, CO_2.
Clase C	Gases inflamables.	Propano, butano, metano, hidrógeno.	Polvo BC, CO_2 (nunca agua).
Clase D	Metales combustibles.	Magnesio, titanio, sodio, aluminio en polvo.	Polvos especiales (extintores clase D).
Clase F (o K)	Aceites y grasas de cocina.	Frituras, freidoras industriales, cocinas.	Agentes especiales de base acuosa (extintores clase F).

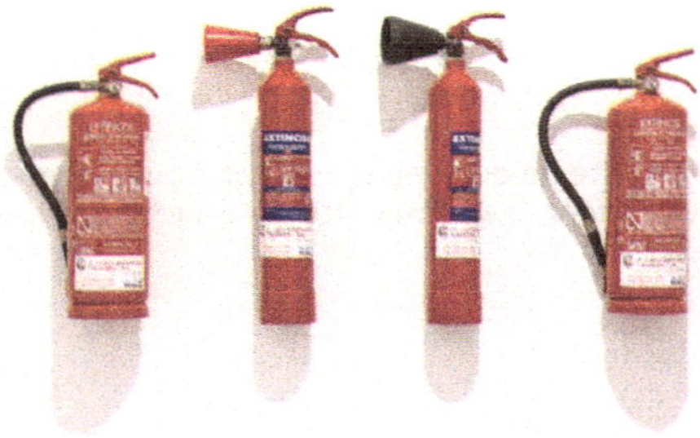

Fig. 3. La identificación de la clase de fuego aparece indicada en el pictograma del extintor, lo que permite seleccionar rápidamente el adecuado en una emergencia

Ejemplo

En una cocina profesional se declara un fuego en una freidora. Al ser un fuego clase F, el uso de agua provocaría una violenta proyección de aceite ardiendo. El agente correcto sería un extintor de acetato de potasio, que crea una capa jabonosa que enfría y aísla el oxígeno.

Legislación

El Real Decreto 513/2017, que aprueba el Reglamento de instalaciones de protección contra incendios (RIPCI), establece los requisitos de diseño, instalación y mantenimiento de extintores, hidrantes y demás equipos, de acuerdo con las clases de fuego reconocidas por la norma UNE-EN 2:1994/A1:2005.

1.6. Desarrollo de un incendio

El comportamiento de un incendio sigue una **evolución predecible**, que permite planificar las estrategias de prevención, control y evacuación.

Esta evolución se divide en **cuatro fases principales**, que se describen a continuación:

Fase	Descripción	Características observables	Medidas de actuación
Iniciación	Se produce el contacto entre combustible, comburente y fuente de calor.	Pequeña llama o foco incipiente.	Sofocar o aislar el foco antes de su propagación.
Crecimiento o desarrollo	La combustión se propaga a materiales cercanos.	Aumento rápido de temperatura y humo.	Activar alarma, evacuar zona y usar medios de primera intervención.
Incendio plenamente desarrollado	Todo el material combustible disponible participa en la combustión.	Llamas intensas, radiación térmica elevada.	Extinción profesional o automática; prohibido intervenir sin EPI.
Extinción o decaimiento	Se consume el combustible o se interrumpe la combustión.	Disminución de temperatura y humo.	Enfriar y evitar reignición mediante vigilancia.

Anotación

En espacios cerrados puede producirse el fenómeno de *flashover* (ignición súbita generalizada), en el que los gases calientes alcanzan su punto de ignición, provocando una deflagración instantánea. Es una de las situaciones más peligrosas para los equipos de intervención.

Además de la carga de combustible, la evolución del fuego se ve influida por:

- La ventilación (presencia o ausencia de oxígeno).
- La geometría del espacio (altura de techos, compartimentación).
- Los materiales estructurales (resistencia al fuego y reacción al calor).
- La presencia de sistemas de detección y alarma.

Fig. 4. Los sistemas automáticos de detección y alarma (detectores de humo, calor o llama) son obligatorios en determinadas actividades según el RIPCI (RD 513/2017) y las normas UNE correspondientes (por ejemplo, UNE 23007-14:2010)

1.7. Peligros para las personas

Los incendios representan una amenaza no solo por las llamas, sino por los efectos indirectos que provocan. En la mayoría de los casos, las víctimas no mueren por quemaduras, sino por la inhalación de humos tóxicos o la desorientación durante la evacuación.

Los principales peligros son:

Tipo de peligro	Descripción	Consecuencias	Medidas preventivas o de mitigación
Temperatura elevada	La radiación térmica puede superar los 800 ºC.	Quemaduras graves, deshidratación, shock térmico.	Uso de equipos de protección, aislamiento térmico, evacuación rápida.
Inhalación de humos y gases tóxicos	Los humos contienen monóxido de carbono, dióxido de carbono, cianuros y partículas.	Asfixia, intoxicación, pérdida de conciencia.	Señalización de salidas, entrenamiento en evacuación, uso de máscaras filtrantes.
Falta de oxígeno	El fuego consume el oxígeno del ambiente.	Mareo, desorientación, pérdida de conocimiento.	Ventilación adecuada y control de atmósferas confinadas.
Pánico y desorientación	El estrés y el humo reducen la visibilidad.	Atropellos, bloqueos, pérdida de rutas de escape.	Planes de evacuación, formación y simulacros.
Caídas o atrapamientos	Estructuras inestables, obstáculos, colapsos.	Fracturas, lesiones, fallecimientos.	Revisión de salidas y mantenimiento de rutas libres.

Un solo minuto de exposición a una atmósfera con **1 % de monóxido de carbono** puede ser mortal. Los síntomas iniciales son mareo, confusión y debilidad muscular, lo que dificulta la evacuación.

Durante un incendio en un edificio de oficinas, los empleados intentan evacuar por una escalera interior llena de humo. A los pocos segundos, la visibilidad se reduce y se desorientan. La persona que recuerda la ubicación de la señal luminosa de emergencia guía al grupo hasta la salida, evitando víctimas.

Real Decreto 486/1997, sobre disposiciones mínimas de seguridad y salud en los lugares de trabajo, obliga a que los centros cuenten con salidas de emergencia, señalización visible e iluminación de seguridad.

1.8. Peligro del calor/temperatura

El **calor** generado por la combustión constituye uno de los principales factores de riesgo en un incendio. No solo alimenta la propagación del fuego, sino que provoca daños directos en las personas y deteriora la estructura del edificio.

Se describen los efectos del calor sobre el cuerpo humano:

Temperatura (°C)	Efecto fisiológico aproximado
37–40 °C	Sudoración intensa, incomodidad.
50 °C	Dificultad para respirar y deshidratación rápida.
65 °C	Dolor intenso en la piel, riesgo de quemaduras leves.
100 °C	Quemaduras graves en pocos segundos.
150 °C	Daños pulmonares por inhalación de aire caliente.
> 300 °C	Supervivencia imposible sin protección térmica.

Anotación

A solo 60 °C, el aire puede causar lesiones internas graves en vías respiratorias. Por ello, agacharse y gatear en zonas con humo o calor puede salvar vidas, ya que la temperatura y los gases calientes se concentran en las capas superiores del ambiente.

El calor puede afectar la resistencia mecánica de los materiales estructurales:

- El acero pierde el 50 % de su resistencia a unos 550 °C.
- El hormigón puede agrietarse por dilatación diferencial.
- Los revestimientos plásticos o sintéticos emiten gases tóxicos al fundirse.

Ejemplo

En un almacén industrial, el colapso de una viga metálica durante un incendio se debió a que el calor deformó el acero. La instalación posterior de pinturas intumescentes permitió aumentar su resistencia al fuego durante más de 90 minutos.

1.9. Síndrome de inhalación de humos

Durante un incendio, la **inhalación de humos** es una de las principales causas de mortalidad. Los humos son una mezcla compleja de gases tóxicos, partículas sólidas y vapores, capaces de provocar asfixia y daños pulmonares severos.

La composición típica de los humos es:

Sustancia	Origen	Efectos sobre el organismo
Monóxido de carbono (CO)	Combustión incompleta de materiales orgánicos.	Impide el transporte de oxígeno en la sangre. Provoca mareo, somnolencia, pérdida de conciencia.
Dióxido de carbono (CO_2)	Combustión completa.	Desplaza el oxígeno del aire, causando hipoxia.
Cianuro de hidrógeno (HCN)	Combustión de plásticos, espumas y fibras sintéticas.	Inhibe la respiración celular, efecto mortal rápido.
Partículas sólidas (hollín)	Combustión incompleta.	Irritación pulmonar, tos, inflamación.

La **falta de oxígeno**, combinada con la inhalación de gases tóxicos, puede provocar la pérdida de conocimiento en menos de un minuto. Por ello, la evacuación debe realizarse lo más cerca posible del suelo, donde la concentración de gases es menor.

Los síntomas del síndrome de inhalación de humos son:

- Tos, dificultad respiratoria y sensación de ardor en garganta o pecho.
- Dolor de cabeza, mareo y confusión mental.
- Náuseas y coloración rojiza de la piel (efecto del monóxido de carbono).
- Pérdida de conciencia o paro cardiorrespiratorio en casos graves.

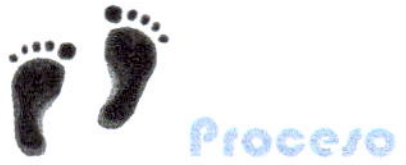

La actuación inmediata ante una víctima debe ser la siguiente:

1. Sacar a la persona del área contaminada, evitando exponerse.
2. Aflojar la ropa y mantener la vía aérea despejada.
3. No administrar líquidos ni intentar que camine.
4. Avisar a los servicios de emergencia (112) y aplicar RCP básica si fuera necesario.

El Real Decreto 485/1997, sobre señalización de seguridad, obliga a identificar las salidas, equipos de extinción y rutas de evacuación, facilitando una evacuación rápida y segura que minimice la exposición a humos y gases.

1.10. Actuación contra los incendios

La **actuación frente a un incendio** requiere mantener la calma, actuar con rapidez y aplicar procedimientos previamente entrenados. Toda acción debe ajustarse a los protocolos del plan de emergencia de la empresa o edificio.

Las fases de la actuación son:

1. **Detección y aviso:**
   - Identificar el foco (humo, olor, alarma).
   - Activar el sistema de alarma o avisar al responsable de emergencias.
   - Comunicar la ubicación exacta y la magnitud del fuego.

2. **Intento de extinción inicial:**
   - Solo si el fuego está en fase incipiente y existen condiciones de seguridad.
   - Utilizar el extintor adecuado según la clase de fuego.
   - Colocarse de espaldas a una salida y mantener una distancia mínima de seguridad.

3. **Evacuación:**
   - Si el fuego no se controla en segundos, abandonar la zona.
   - Cerrar puertas y ventanas al salir para limitar la propagación.
   - No usar ascensores.
   - Dirigirse al punto de encuentro designado.

4. **Aviso a emergencias externas:**
   o Llamar al 112, proporcionando información precisa: Dirección exacta, tipo de fuego, número de personas afectadas, existencia de productos peligrosos.

La seguridad personal tiene siempre prioridad sobre la extinción. Nunca debe intentarse apagar un incendio si se desconoce el tipo de combustible o no se dispone del equipo adecuado.

En una oficina, un ordenador empieza a arder. Una trabajadora activa la alarma y desconecta la corriente. Usa un extintor de CO_2 desde una distancia de 1,5 m, aplicando el chorro en la base de las llamas. Una vez controlado, ventila la sala y notifica al responsable de seguridad.

Según el Real Decreto 393/2007, Norma Básica de Autoprotección, las empresas deben establecer procedimientos de actuación ante emergencias, designar equipos de intervención y formar al personal en uso de extintores y evacuación.

1.11. Prevención de incendios

La **prevención de incendios** engloba todas las medidas destinadas a evitar su inicio, controlar su propagación y proteger a las personas y bienes.

Estas medidas deben integrarse en la **gestión preventiva general** de la empresa:

Ámbito	Medidas preventivas
Instalaciones eléctricas	Revisión periódica, evitar sobrecargas y conexiones defectuosas.
Almacenamiento de materiales	Mantener orden y limpieza, separar productos combustibles de fuentes de calor.
Uso de equipos térmicos o de soldadura	Control de chispas, ventilación, permisos de trabajo en caliente.
Sistemas de detección y alarma	Instalar detectores de humo, calor y gas, con mantenimiento regular.
Formación del personal	Simulacros, uso de extintores y reconocimiento de rutas de evacuación.
Señalización y accesos	Señales visibles, salidas despejadas y accesibles.

Fig. 5. Una buena prevención combina medidas técnicas (instalaciones, equipos) y medidas organizativas (procedimientos, formación, mantenimiento); ambas deben revisarse periódicamente

Las acciones de prevención se organizan a través de:

- Evaluación de riesgos de incendio.
- Implantación de medidas correctoras.
- Elaboración de un Plan de Emergencia y Autoprotección.
- Mantenimiento periódico de los equipos de detección y extinción.

En un edificio de oficinas se revisan los cuadros eléctricos cada seis meses y se mantiene despejada la zona de extintores. Estas acciones, unidas a simulacros anuales, reducen la probabilidad de incendios y garantizan una reacción ordenada si se produce una emergencia.

Ley 31/1995, de Prevención de Riesgos Laborales, artículos 14 y 15: el empresario debe garantizar la seguridad y adoptar medidas de prevención frente a incendios.
Real Decreto 513/2017 (RIPCI): establece los requisitos mínimos de mantenimiento e instalación de equipos de protección activa (extintores, rociadores, BIE, etc.).

2. Gestión de la extinción de incendios

La **gestión de la extinción** implica conocer los procedimientos, materiales y equipos adecuados para controlar o eliminar un fuego de manera segura. Toda actuación debe basarse en el tipo de fuego, las características del entorno, la disponibilidad de medios de extinción y, sobre todo, en la protección de las personas.

Fig. 6. La extinción no consiste solo en apagar las llamas, sino en romper el proceso de combustión, interrumpiendo uno o varios de los elementos del tetraedro del fuego (combustible, comburente, calor y reacción en cadena)

Una intervención eficaz exige **formación, entrenamiento y coordinación**; el desconocimiento del tipo de fuego o el uso incorrecto de los equipos puede agravar la emergencia.

2.1. Métodos de extinción

Los **métodos de extinción** se basan en suprimir alguno de los elementos del fuego.

Existen cuatro principios básicos:

Método	Elemento que elimina	Descripción y ejemplos	Agentes empleados
Enfriamiento	Calor	Reduce la temperatura del combustible por debajo de su punto de ignición.	Agua, niebla de agua, CO_2.
Sofocación	Comburente (oxígeno)	Cubre o aísla el fuego del aire, impidiendo el aporte de oxígeno.	Espumas, CO_2, mantas ignífugas.
Eliminación del combustible	Combustible	Retira o corta el flujo del material combustible.	Cierre de válvulas de gas, corte de suministro eléctrico.
Inhibición química	Reacción en cadena	Interrumpe la reacción de combustión mediante agentes químicos.	Polvos polivalentes (ABC), gases halogenados.

Ejemplo

En un fuego de aceite de cocina, la extinción se consigue sofocando el oxígeno con una tapa metálica o un extintor clase F. En cambio, un fuego en un contenedor de papel se apaga enfriando con agua.

Importante

El agua nunca debe utilizarse en incendios de origen eléctrico o con líquidos inflamables, ya que puede producir descargas o proyección de líquidos ardiendo.

2.2. Uso de mangueras, lanzas y accesorios

Las **mangueras de incendio** son herramientas fundamentales en la extinción manual, especialmente en instalaciones dotadas de **Bocas de Incendio Equipadas (BIE)**. Su uso requiere conocer sus componentes y las técnicas básicas de operación.

Los componentes principales de una BIE son los siguientes:

- **Manguera semirrígida** o flexible, normalmente de 25 o 45 mm de diámetro.
- **Lanza o boquilla**, que regula el tipo de chorro (directo, niebla o cerrado).
- **Válvula de apertura y cierre.**
- **Enrollador o devanadera.**
- **Manómetro** para controlar la presión.

Por su parte, el procedimiento de utilización consiste en:

1. Desenrollar completamente la manguera.
2. Abrir la válvula de paso de agua.
3. Dirigir la lanza hacia la base del fuego.
4. Mantener una postura firme y segura, con apoyo estable.
5. No apuntar directamente sobre personas ni equipos eléctricos.

Tipo de chorro	Uso recomendado
Chorro compacto	Fuegos sólidos a distancia, gran alcance.
Niebla o pulverizado	Fuegos interiores, refrigeración y protección térmica.
Chorro cerrado	Para evitar proyecciones o limitar el caudal.

En un taller mecánico, un operario utiliza una BIE con chorro de niebla para refrigerar el entorno y evitar la propagación del fuego a otros vehículos, mientras los bomberos finalizan la extinción.

2.3. Movimiento de las mangueras

El manejo de mangueras requiere coordinación y conocimiento de las maniobras de despliegue y recogida para evitar daños, tropiezos o bloqueos de flujo.

Las principales recomendaciones son:

- No doblar la manguera cuando esté llena de agua.
- Evitar ángulos cerrados que restrinjan el paso del caudal.
- Mantener la manguera libre de obstáculos o puertas.
- Trabajar en pareja cuando se empleen mangueras de gran diámetro.
- Recoger siempre desde el extremo más alejado, drenando el agua antes de enrollar.

Tipo de maniobra	Finalidad
Despliegue en línea	Cubrir distancias largas y rectas.
Despliegue en zigzag	Permitir movilidad y compensar curvas.
Enrollado doble	Facilitar un despliegue rápido sin nudos.

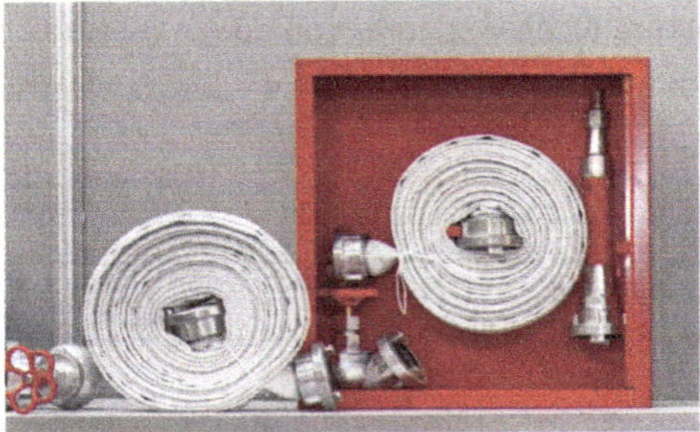

Fig. 7. Una manguera mal colocada puede obstaculizar la evacuación o quedar dañada por el calor; su mantenimiento debe incluir inspección periódica y pruebas de presión

Durante un simulacro, un equipo de emergencia detecta una manguera doblada tras una puerta cortafuego. Tras corregir el despliegue y señalizar el paso, el caudal vuelve a ser adecuado.

2.4. Técnicas de extinción con equipos de agua

El **agua** es el agente extintor más común y eficaz por su **alto calor específico** y su capacidad para absorber energía. Su aplicación depende del tipo de fuego y del entorno.

Las técnicas principales son:

Técnica	Descripción	Aplicación
Chorro directo	Dirigido a la base del fuego.	Incendios clase A (sólidos).
Niebla de agua	Finas gotas que enfrían y desplazan el oxígeno.	Espacios cerrados, protección de personas.
Cortina de agua	Crea una barrera térmica.	Protección de estructuras o evacuaciones.
Aspersión o lluvia fina	Distribución homogénea.	Enfriamiento de zonas o materiales cercanos.

En incendios eléctricos o con líquidos inflamables, el agua está prohibida. Puede producir electrocución o dispersión del combustible.

En un almacén de madera, los operarios utilizan una niebla de agua para controlar el fuego sin provocar daños estructurales en el techo. Posteriormente aplican chorro directo sobre las brasas.

2.5. Extinción de fuego de materiales sólidos

Los **materiales sólidos** (madera, papel, tejidos, plásticos, etc.) generan brasas y calor latente, lo que requiere un método de enfriamiento prolongado para evitar la reignición.

El procedimiento básico de extinción consiste en:

1. Aplicar agua pulverizada o espuma sobre la base del fuego.
2. Remover el material con herramientas adecuadas para exponer las brasas.
3. Enfriar las zonas calientes durante varios minutos.

4. Vigilar posibles puntos de reignición.

En incendios de sólidos, el enfriamiento completo es tan importante como la extinción inicial. Muchos incendios se reactivan por brasas ocultas.

Tipo de material sólido	Características	Extintor recomendado
Papel, cartón, madera	Arde lentamente y deja brasas.	Extintor de agua o polvo ABC.
Plásticos duros	Emisión de gases tóxicos.	Polvo ABC o CO_2.
Textiles y fibras	Propagación rápida.	Agua pulverizada o espuma.

En una oficina, un fuego en una papelera se extingue con un extintor de agua a presión. El empleado revisa después los documentos cercanos y ventila el área para eliminar el humo residual.

2.6. Escape de gas

Los **escapes de gas** (natural, butano, propano) representan una de las situaciones más peligrosas, ya que pueden provocar **explosiones o incendios repentinos** si el gas entra en contacto con una fuente de ignición.

El procedimiento ante un escape de gas es:

1. **No accionar interruptores eléctricos ni encender fuego.**
2. **Cerrar la válvula general** o el suministro principal.
3. **Ventilar el local** abriendo puertas y ventanas.
4. **Evacuar la zona** si la concentración es alta.
5. **Avisar al 112** y esperar a personal especializado.

En caso de incendio con gas, nunca apagar la llama sin cortar el suministro: el gas no visible puede seguir saliendo y acumularse, generando una explosión posterior.

Tipo de gas	Densidad respecto al aire	Comportamiento	Riesgo principal
Butano / Propano (GLP)	Más pesados	Se acumulan en zonas bajas.	Explosión o deflagración.
Gas natural (metano)	Más ligero	Se disipa hacia el techo.	Incendio o explosión.
Hidrógeno	Muy ligero y reactivo.	Se eleva y arde sin color visible.	Explosión instantánea.

En una cocina industrial, una manguera de gas propano presenta una fuga. El personal cierra la llave principal, apaga los equipos eléctricos y ventila el recinto antes de llamar al servicio técnico.

3. Clasificación de las emergencias

Una **emergencia** es toda situación imprevista que requiere una **respuesta inmediata** para proteger la vida, la salud o los bienes materiales frente a un riesgo inminente. En el ámbito laboral y público, su correcta clasificación permite organizar la respuesta, asignar responsabilidades y aplicar los protocolos de actuación adecuados.

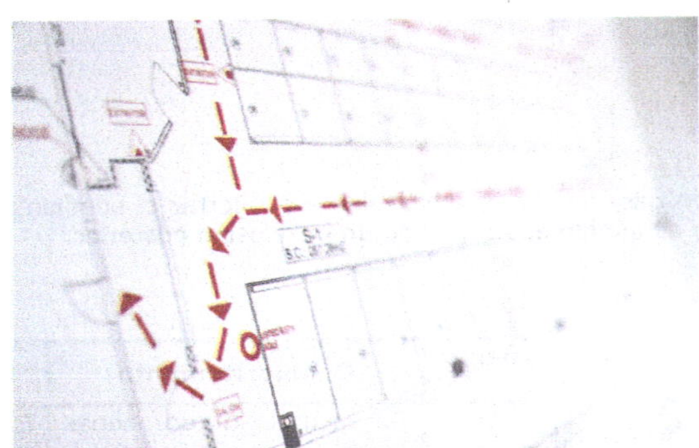

Fig. 8. La gestión eficaz de una emergencia no depende solo de los medios materiales disponibles, sino de la planificación previa, la formación del personal y la coordinación entre los distintos equipos de intervención

Una emergencia mal gestionada puede multiplicar sus consecuencias. Por ello, los planes de emergencia y simulacros periódicos son esenciales para garantizar la seguridad y reducir el impacto.

3.1. Definiciones

A continuación, se presentan las definiciones básicas que permiten entender los distintos niveles de emergencia y su gestión:

Término	Definición
Emergencia	Situación repentina que exige una respuesta inmediata para evitar daños personales o materiales.
Plan de emergencia	Conjunto de procedimientos, recursos y medidas destinados a prevenir o mitigar los efectos de las emergencias.
Evacuación	Desplazamiento ordenado y seguro de personas hacia zonas libres de peligro.
Conato	Fuego o incidente incipiente que puede ser controlado con medios propios y sin riesgo para las personas.
Simulacro	Ejercicio práctico destinado a comprobar la eficacia de un plan de emergencia y la respuesta del personal.
Autoprotección	Capacidad de las personas y organizaciones para protegerse mediante acciones preventivas y de respuesta ante emergencias.

Un pequeño fuego en una papelera que se extingue con un extintor es un conato de emergencia. En cambio, si el fuego afecta a varias dependencias, se considera una emergencia parcial o general, dependiendo de su extensión.

3.2. Clasificación de las emergencias

Las emergencias se clasifican según su **gravedad, extensión y necesidad de medios externos**. Esta clasificación permite decidir cuándo actuar internamente o cuándo solicitar ayuda especializada.

Tipo de emergencia	Definición	Características y ejemplos	Nivel de respuesta
Conato de emergencia	Incidente controlado con medios propios.	Fuego incipiente, derrame menor, fallo eléctrico.	Interviene el equipo de primera intervención.
Emergencia parcial	Afecta a una parte del edificio o instalación.	Fuego en un taller o zona concreta, fuga de gas localizada.	Intervienen los equipos de segunda intervención y puede requerir evacuación parcial.
Emergencia general	Afecta a todo el centro o implica peligro para todas las personas.	Incendio extendido, explosión, colapso estructural.	Activación total del plan de emergencia y evacuación general.
Emergencia exterior	Origina o afecta a zonas externas al centro.	Derrame de sustancias tóxicas que alcanza la vía pública.	Intervienen servicios externos (bomberos, protección civil).

La **evaluación inicial** debe realizarla el **jefe de emergencia** o persona responsable, valorando la magnitud del suceso y la capacidad de control con medios internos antes de solicitar ayuda externa.

Un incendio en la cocina de un hospital que obliga a evacuar dos plantas se considera una emergencia parcial. Si el fuego amenaza con extenderse al resto del edificio, se transforma en emergencia general.

3.3. Medios de extinción y alarma

Los **medios de extinción** son los recursos destinados a controlar o eliminar el fuego, mientras que los medios de alarma sirven para detectar, avisar y coordinar la respuesta. Ambos constituyen los pilares de la protección activa contra incendios.

Los medios de extinción son:

Tipo de medio	Ejemplo	Uso principal
Extintores portátiles	Polvo, CO_2, agua o espuma.	Primeros minutos del incendio.
Bocas de Incendio Equipadas (BIE)	Mangueras con lanza.	Intervención interior prolongada.
Hidrantes exteriores	Tomas de agua externas.	Uso de bomberos y servicios públicos.
Sistemas automáticos	Rociadores, nebulizadores, detectores.	Protección de grandes áreas o almacenes.
Agentes especiales	Polvos clase D, gases inertes, espuma física.	Fuegos específicos (metales, gases o aceites).

Por otro lado, entre los medios de alarma y comunicación destacan:

Elemento	Función principal
Detectores automáticos	Identifican humo, calor o gases.
Pulsadores manuales	Activan la alarma manualmente.
Sirenas y señales luminosas	Avisan a ocupantes para iniciar la evacuación.
Sistemas de megafonía	Dirigen instrucciones durante la emergencia.
Teléfonos internos o emisoras	Comunicación entre equipos de emergencia.

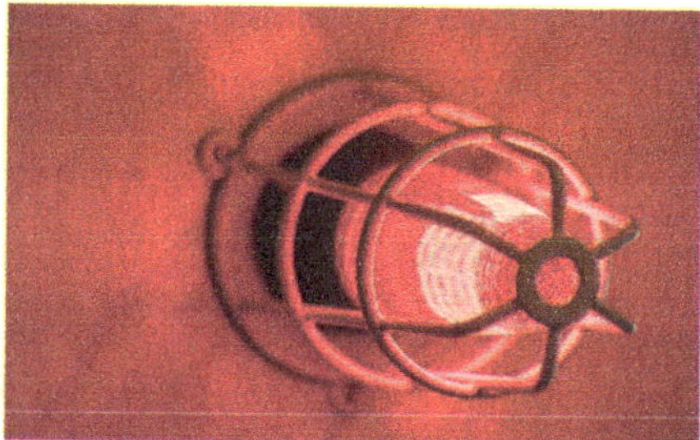

Fig. 9. Los sistemas de alarma deben ser claros, audibles y diferenciables de otros sonidos del entorno; en centros con personas con discapacidad auditiva, se deben incluir señales luminosas y vibrátiles

En una fábrica, un sensor de calor activa la alarma al detectar un aumento brusco de temperatura. El personal inicia la evacuación y el jefe de emergencia confirma la activación del sistema automático de rociadores.

3.4. Señalización de emergencia y evacuación

La **señalización de emergencia** permite identificar rápidamente los medios de extinción, las rutas de evacuación y las salidas de emergencia, asegurando que las personas puedan orientarse incluso en condiciones de baja visibilidad o estrés.

Los tipos de señales según su función son:

Tipo de señal	Color / Forma	Ejemplo o significado
Prohibición	Círculo rojo / fondo blanco	"Prohibido fumar", "No usar ascensor en caso de incendio".
Advertencia	Triángulo amarillo / borde negro	"Riesgo de incendio", "Riesgo eléctrico".
Obligación	Círculo azul / símbolo blanco	"Uso obligatorio de casco" o EPI.
Emergencia o salvamento	Rectangular o cuadrada / verde	"Salida de emergencia", "Punto de reunión".
Equipos de lucha contra incendios	Cuadrada o rectangular / roja	"Extintor", "Boca de incendio", "Teléfono de emergencia".

Las señales deben colocarse a **altura y visibilidad adecuadas**, con iluminación suficiente y materiales fotoluminiscentes en zonas sin luz natural o con riesgo de humo.

Los criterios generales de señalización son:

- Colocar señales en lugares visibles desde cualquier punto del recorrido.
- Evitar saturar de información o colocar señales contradictorias.
- Revisar periódicamente su estado y visibilidad.
- Complementar con planos de evacuación situados junto a los accesos principales.

En un edificio de oficinas, las señales verdes indican el recorrido hacia la salida más próxima. Un plano mural muestra "Usted está aquí", junto con las rutas alternativas y el punto de encuentro exterior.

La correcta clasificación de las emergencias, junto con la identificación de los medios de extinción, alarma y señalización, garantiza una respuesta rápida, segura y coordinada ante cualquier incidente. La eficacia del plan de emergencia depende no solo del equipamiento, sino de la formación, disciplina y cooperación de todo el personal.

Resumen

La teoría del fuego constituye la base esencial para comprender cómo prevenir y actuar ante incendios. El fuego es una reacción química exotérmica entre un combustible y un comburente (generalmente el oxígeno del aire), en presencia de una fuente de calor suficiente para alcanzar la temperatura de ignición. Estos tres elementos conforman el conocido triángulo del fuego, cuyo equilibrio determina la existencia o extinción del proceso. El modelo evolucionado, denominado tetraedro del fuego, añade la reacción en cadena, que explica cómo el fuego puede mantenerse y propagarse incluso si alguno de los otros factores se reduce parcialmente.

Comprender los factores condicionantes del incendio —como la ventilación, los materiales combustibles, la geometría del espacio o las negligencias humanas— permite identificar los riesgos y aplicar medidas preventivas adecuadas. Los materiales combustibles se clasifican en sólidos, líquidos o gaseosos, y en función de su naturaleza se establecen las clases de fuego (A, B, C, D y F), cada una asociada a agentes extintores específicos. Así, los incendios de clase A (materiales sólidos como madera o papel) se extinguen con agua o polvo polivalente, mientras que los de clase B (líquidos inflamables) o C (gases) requieren agentes como el CO_2 o el polvo BC. Los fuegos de metales combustibles (clase D) y aceites de cocina (clase F) necesitan agentes especiales para evitar reacciones violentas.

El desarrollo de un incendio sigue una secuencia previsible de cuatro fases: iniciación, crecimiento, desarrollo pleno y extinción. Durante este proceso, el calor se acumula y se transmite por conducción, convección y radiación, aumentando el riesgo de propagación. Las condiciones estructurales y la presencia de oxígeno determinan la velocidad de avance del fuego. Entre los peligros más relevantes se encuentran el calor extremo, que puede dañar estructuras y causar lesiones graves, y la inhalación de humos, responsable de la mayoría de las víctimas por incendios. Los gases más peligrosos son el monóxido de carbono (CO) y el cianuro de hidrógeno (HCN), que interfieren con el transporte y el uso del oxígeno en el organismo.

La gestión de la extinción de incendios se basa en interrumpir uno o varios elementos del tetraedro del fuego mediante diferentes métodos de extinción: enfriamiento (reducción del calor), sofocación (aislamiento del oxígeno), eliminación del combustible o inhibición química (interrupción de la reacción). Los equipos de intervención utilizan herramientas como mangueras, lanzas, bocas de incendio equipadas (BIE) o extintores portátiles, que deben emplearse correctamente según la clase de fuego.

El agua sigue siendo el agente más utilizado, especialmente en incendios de materiales sólidos, aunque su uso está contraindicado en fuegos eléctricos o con líquidos inflamables.

En los incendios de materiales sólidos, el proceso de extinción requiere enfriamiento prolongado para eliminar brasas y prevenir la reignición. En el caso de un escape de gas, la prioridad es cortar el suministro, ventilar el área y evitar cualquier fuente de ignición, ya que las mezclas gas-aire son altamente explosivas. Las actuaciones deben realizarse siempre de forma ordenada y bajo procedimientos establecidos, priorizando la seguridad de las personas frente a los daños materiales.

La clasificación de las emergencias permite organizar la respuesta según su magnitud. Se distinguen los conatos, controlables con medios propios; las emergencias parciales, que afectan a una parte del edificio; y las emergencias generales, que comprometen la totalidad de las instalaciones o requieren apoyo externo.

Los medios de extinción y alarma —extintores, BIE, detectores, sirenas o megafonía— deben mantenerse en perfecto estado y estar debidamente señalizados. La señalización de emergencia y evacuación, regulada por el Real Decreto 485/1997 y las normas UNE, utiliza colores y pictogramas normalizados (verde para salidas, rojo para equipos contra incendios, amarillo para advertencia, etc.), asegurando la orientación y evacuación en condiciones de baja visibilidad.

Finalmente, la prevención de incendios es el eje fundamental de toda política de seguridad. Incluye la evaluación de riesgos, el mantenimiento de las instalaciones eléctricas, el control de fuentes de calor, el almacenamiento ordenado de materiales, la instalación de detectores y sistemas automáticos, y la formación continua del personal mediante simulacros periódicos.

Estas medidas, respaldadas por la Ley 31/1995 de Prevención de Riesgos Laborales y la Norma Básica de Autoprotección (RD 393/2007), garantizan una actuación eficaz ante cualquier emergencia. En definitiva, la combinación de prevención, planificación y respuesta organizada constituye la base de la seguridad contra incendios en cualquier entorno laboral o social.

Glosario

Agente extintor

Sustancia o producto utilizado para suprimir o controlar un incendio, actuando sobre uno o varios elementos del tetraedro del fuego (ej. agua, CO_2, espuma, polvo químico).

Boca de Incendio Equipada (BIE)

Instalación fija compuesta por una manguera, lanza, válvula y devanadera, destinada a la extinción manual de incendios dentro de un edificio.

Carga de fuego

Cantidad total de energía calorífica que puede liberarse por la combustión de los materiales contenidos en un espacio, expresada en megajulios (MJ).

Chorro de agua (directo, niebla, cortina)

Formas de aplicación del agua en extinción. El chorro directo se usa para atacar la base del fuego; la niebla reduce el calor y la visibilidad del humo; la cortina sirve como barrera térmica o de protección.

Combustible

Material capaz de arder al reaccionar con el oxígeno y liberar energía calorífica.

Comburente

Sustancia que permite la combustión. En la mayoría de los incendios es el oxígeno presente en el aire.

Conato de emergencia

Incidente o fuego incipiente que puede ser controlado con medios propios sin riesgo para las personas ni necesidad de ayuda externa.

Flashover (ignición súbita generalizada)

Fenómeno por el cual todos los materiales combustibles de un recinto alcanzan simultáneamente su temperatura de ignición, provocando una combustión instantánea.

Inhalación de humos

Proceso mediante el cual una persona respira aire contaminado por gases tóxicos (CO, HCN, partículas), provocando asfixia o intoxicación.

Métodos de extinción

Principios sobre los que se basa la extinción del fuego: enfriamiento, sofocación, eliminación del combustible e inhibición química.

Monóxido de carbono (CO)

Gas incoloro e inodoro altamente tóxico, generado por la combustión incompleta de materiales orgánicos; impide el transporte de oxígeno en la sangre.

Punto de encuentro

Zona designada como lugar de reunión tras la evacuación, donde se comprueba la presencia y estado de las personas.

Reacción en cadena

Proceso químico continuo que mantiene la combustión; su interrupción mediante agentes químicos extingue el fuego.

Tetraedro del fuego

Representación de los cuatro elementos necesarios para la combustión: combustible, comburente, calor y reacción en cadena.

Triángulo del fuego

Representación simplificada de los tres elementos básicos de la combustión: combustible, comburente y calor.

Ejercicios de autoevaluación

1. ¿Qué tres elementos forman el triángulo del fuego?

a. Combustible, electricidad y agua.

b. Oxígeno, dióxido de carbono y energía.

c. Aire, vapor y materia orgánica.

d. Combustible, comburente y calor.

2. ¿Qué elemento añade el tetraedro del fuego al triángulo clásico?

a. Energía luminosa.

b. Reacción en cadena.

c. Material inflamable.

d. Expansión térmica.

3. El método de extinción basado en enfriar el combustible actúa sobre:

a. La reacción en cadena.

b. El comburente.

c. El calor.

d. Los gases tóxicos.

4. ¿Qué clase de fuego corresponde a los materiales sólidos como la madera o el papel?

a. Clase B.

b. Clase A.

c. Clase C.

d. Clase F.

5. Los fuegos de líquidos inflamables, como gasolina o alcohol, son de:

   a. Clase B.
   b. Clase A.
   c. Clase D.
   d. Clase E.

6. ¿Qué agente extintor es adecuado para fuegos eléctricos?

   a. Agua.
   b. Espuma.
   c. CO_2 o polvo BC.
   d. Extintor de clase F.

7. ¿Cuál es el principal riesgo para las personas durante un incendio?

   a. Las explosiones secundarias.
   b. La inhalación de humos y gases tóxicos.
   c. Los daños estructurales del edificio.
   d. El ruido producido por las llamas.

8. El síndrome de inhalación de humos se caracteriza principalmente por:

   a. Dolores musculares.
   b. Pérdida del equilibrio.
   c. Deshidratación por calor.
   d. Asfixia por monóxido de carbono.

9. **¿Qué gas se produce por la combustión incompleta y reduce la capacidad de transporte de oxígeno en la sangre?**

   a. Dióxido de carbono.
   b. Metano.
   c. Monóxido de carbono.
   d. Ozono.

10. **En caso de incendio, la primera acción debe ser:**

   a. Avisar y activar la alarma.
   b. Intentar rescatar objetos de valor.
   c. Esperar la llegada de los bomberos.
   d. Dirigirse a la azotea.

Módulo 2. Organización de la emergencia

Introducción

La organización de la emergencia constituye el conjunto de acciones, procedimientos y recursos que permiten coordinar de forma eficaz la respuesta ante una situación crítica, como un incendio, una fuga de gas o un desastre natural. Esta organización busca minimizar los daños a las personas, bienes e instalaciones, garantizando la intervención ordenada y la rápida toma de decisiones.

En un plan de emergencia, la organización es el eje central que define quién hace qué, cuándo y cómo, estableciendo la jerarquía de mando, los equipos de intervención y los canales de comunicación. Cada edificio o instalación debe contar con una estructura organizativa adaptada a sus características, de modo que todos los ocupantes conozcan sus responsabilidades y los procedimientos de actuación.

Para lograr una gestión eficaz, resulta esencial comprender los elementos estructurales del edificio, como la sectorización, compartimentación y estabilidad al fuego, ya que influyen directamente en la planificación de evacuaciones y la intervención de los equipos. Asimismo, la señalización y la correcta interpretación de los planos de emergencia permiten identificar salidas, zonas seguras, medios de extinción y puntos de reunión.

Otro componente clave es la planificación y ejecución de simulacros de emergencia, que permiten evaluar la operatividad del plan, entrenar al personal y detectar posibles fallos de coordinación. A través de la práctica y la revisión continua, se refuerza la capacidad de respuesta colectiva y se fomenta una cultura preventiva dentro de la organización. En síntesis, la organización de la emergencia es un proceso dinámico que requiere la integración de recursos humanos, materiales y procedimentales. Su eficacia depende tanto de la planificación previa como de la actuación disciplinada y coordinada durante el desarrollo real de la emergencia.

Objetivos

- Interpretar la señalización y los planos de emergencia, identificando las vías de evacuación, zonas de seguridad y elementos estructurales relevantes.
- Reconocer los criterios de estabilidad al fuego, sectorización y compartimentación de edificios, comprendiendo su importancia en la propagación del fuego y la seguridad de las personas.
- Aplicar técnicas de valoración "in situ" para analizar un escenario de emergencia y determinar las prioridades de actuación.
- Organizar el espacio de intervención, asignando funciones y utilizando los procedimientos de mando adecuados según el tipo de emergencia.
- Coordinar la conducción y el seguimiento de las operaciones de emergencia, integrando los órganos de mando y apoyo pertinentes.
- Planificar y desarrollar simulacros de emergencia, evaluando su utilidad y los resultados obtenidos para mejorar los planes existentes.
- Colaborar en equipo y adaptarse a los nuevos planes o procedimientos derivados de la experiencia en simulacros o emergencias reales.

1. Señalización e interpretación de planos

La **señalización de emergencia** y la **interpretación de planos** son pilares esenciales para la organización y ejecución de un plan de evacuación eficaz. A través de estos elementos se garantiza que todas las personas, independientemente de su conocimiento del edificio, puedan orientarse, identificar rutas de salida seguras y localizar los equipos de emergencia.

La señalización no solo cumple una función informativa, sino también **preventiva y orientativa**, facilitando una respuesta rápida y ordenada ante una situación de riesgo. En paralelo, los planos de evacuación ofrecen una **visión estructurada del espacio**, mostrando la ubicación de salidas, zonas seguras, medios de extinción, escaleras, ascensores y puntos de reunión.

Las señales deben cumplir con normas técnicas y tener **un diseño uniforme y fácilmente reconocible**.

Las principales categorías son:

Tipo de señal	Color predominante	Función	Ejemplo
Prohibición	Rojo	Indican acciones no permitidas.	"Prohibido fumar", "Prohibido usar ascensor en caso de incendio".
Obligación	Azul	Indican conductas o equipos que deben usarse.	"Uso obligatorio de casco", "Mantener la puerta cerrada".
Advertencia	Amarillo	Alertan sobre riesgos o peligros.	"Peligro: Alta temperatura", "Riesgo eléctrico".
Salvamento o evacuación	Verde	Indican salidas, rutas o equipos de salvamento.	"Salida de emergencia", "Punto de reunión".
Equipos de lucha contra incendios	Rojo	Señalan la localización de extintores, bocas de incendio o alarmas.	"Extintor", "Manguera contra incendios".

Fig. 1. Todas las señales deben ser visibles, estar bien iluminadas, situadas a una altura accesible y libres de obstáculos visuales o físicos

Los **planos de evacuación** constituyen una representación gráfica del edificio con indicaciones precisas sobre los recorridos de salida y los medios de protección disponibles. Su correcta lectura es esencial para evaluar la viabilidad del plan de emergencia y para actuar con rapidez en caso de siniestro.

Los elementos que deben incluirse en un plano de evacuación son:

- Ubicación actual ("Usted está aquí").
- Salidas de emergencia y rutas de evacuación.
- Escaleras y ascensores (indicando si están operativos o no en emergencia).
- Zonas de refugio o puntos de reunión.
- Equipos de extinción (extintores, BIEs, rociadores, detectores).
- Cuadro eléctrico y llaves de corte de gas y agua.
- Teléfonos o interfonos de emergencia.
- Símbolos normalizados según la norma **UNE 23032 y ISO 23601**.

Un centro educativo de tres plantas elabora su plano de evacuación. En él se incluyen las rutas hacia las escaleras principales, las salidas laterales hacia el patio, el punto de reunión en el aparcamiento y la ubicación de cinco extintores y dos BIEs. En el plano se señala claramente el punto donde se encuentra el observador ("Usted está aquí"), permitiendo que cualquier persona pueda orientarse y evacuar en menos de dos minutos.

Real Decreto 485/1997, de 14 de abril, sobre disposiciones mínimas en materia de señalización de seguridad y salud en el trabajo. Establece los principios generales para la señalización de seguridad, sus colores, símbolos y condiciones de uso.

Asimismo, la Norma UNE 23034 regula las características y ubicación de los planos de evacuación en edificios.

1.1. Estabilidad al fuego de las estructuras

La **estabilidad al fuego** es la capacidad que tienen los elementos estructurales de un edificio (pilares, vigas, forjados, muros) para mantener su resistencia mecánica y funcionalidad durante un incendio, evitando el colapso del conjunto.

Este parámetro es determinante en la seguridad de las personas y en la planificación de la evacuación, ya que determina el tiempo disponible para actuar y evacuar antes de que la estructura se vea comprometida.

Los niveles de estabilidad al fuego se expresan en minutos y se identifican mediante la notación **R** (resistencia mecánica), **E** (integridad) e **I** (aislamiento térmico), seguidos del tiempo en minutos. Por ejemplo:

- **REI-120**: mantiene resistencia, integridad y aislamiento térmico durante **120 minutos**.
- **R-60**: mantiene la capacidad portante durante **60 minutos**.

Clasificación	Significado	Duración mínima
R	Resistencia mecánica	30, 60, 90, 120 min
E	Integridad frente al paso de llamas o gases	30, 60, 90, 120 min
I	Aislamiento térmico	30, 60, 90, 120 min

Anotación

La estabilidad al fuego se calcula según las normas UNE-EN 13501-2 y CTE-DB-SI (Documento Básico de Seguridad en caso de Incendio del Código Técnico de la Edificación).

Ejemplo

En un edificio de oficinas con estructura metálica, se aplica pintura intumescente a las vigas principales. Este recubrimiento incrementa la resistencia al fuego de R-30 a R-90, proporcionando una hora adicional de seguridad para la evacuación y la intervención de bomberos.

1.2. Sectorización y compartimentación de edificios

La sectorización consiste en dividir un edificio en zonas o sectores de incendio mediante elementos constructivos (muros, forjados, puertas cortafuegos, etc.) que impidan la propagación del fuego y del humo durante un periodo determinado.

Cada sector debe tener autonomía temporal de resistencia al fuego, lo que permite controlar la expansión del incendio y facilitar la evacuación escalonada de los ocupantes.

Elemento constructivo	Función	Requisito mínimo (según CTE DB-SI)
Muros cortafuegos	Separan sectores de incendio	EI 120
Puertas cortafuegos	Controlan el paso entre sectores	EI2 60-C5
Falsos techos / suelos técnicos	Evitan propagación oculta	EI 60
Conductos de ventilación	Incorporan compuertas cortafuegos	EI 120

Fig. 2. Una sala técnica con equipos y conducciones metálicas es un ejemplo de zona de riesgo especial que requiere sectorización y elementos resistentes al fuego

La compartimentación también puede aplicarse a zonas de riesgo especial (salas de calderas, transformadores, archivos, cocinas industriales), donde el fuego podría iniciarse o propagarse con mayor rapidez.

Durante la inspección de una fábrica, se detecta que las puertas cortafuegos del pasillo de almacenamiento permanecen abiertas por comodidad del personal. Esto elimina la efectividad del sistema de sectorización, permitiendo la propagación del humo.

Tras la formación impartida, se instala un sistema de retención magnética conectado a la alarma, que mantiene las puertas abiertas solo mientras no haya emergencia. Al activarse la alarma, las puertas se cierran automáticamente, restaurando la compartimentación.

1.3. Reacción al fuego de los materiales

La reacción al fuego mide el comportamiento de un material ante el inicio y desarrollo de un incendio, es decir, su capacidad para inflamarse, propagar las llamas o producir humo y gases tóxicos.

Según la clasificación europea UNE-EN 13501-1, los materiales se agrupan en clases que indican su grado de contribución al fuego:

Clase	Comportamiento	Ejemplo de material
A1	No combustible	Hormigón, ladrillo, acero sin recubrimiento
A2	Prácticamente no combustible	Paneles de yeso, fibras minerales
B	Combustión limitada	Maderas tratadas, algunos plásticos ignífugos
C	Contribución media al fuego	Maderas naturales, textiles técnicos
D	Alta contribución al fuego	Polímeros comunes, PVC
E / F	Muy combustibles / sin clasificar	Materiales textiles no tratados, espumas ligeras

Anotación

Los materiales de revestimiento, suelo y techo deben seleccionarse en función del uso del edificio y la densidad de ocupación, siguiendo las especificaciones del CTE-DB-SI (Sección SI 1).

2. Organización de la emergencia

La **organización de la emergencia** se refiere al conjunto de acciones y procedimientos que permiten coordinar eficazmente los recursos humanos y materiales ante una situación crítica, con el objetivo de salvaguardar vidas, proteger bienes y restablecer la normalidad lo antes posible.

Esta organización se basa en tres pilares fundamentales:

1. **Valoración de la situación**, mediante la observación directa y la evaluación inicial de riesgos.
2. **Distribución del espacio y los recursos**, estableciendo zonas seguras y áreas de intervención.
3. **Aplicación de procedimientos de mando y control**, que aseguren una actuación coordinada y eficiente.

2.1. Técnicas de valoración «in situ» de escenarios de emergencia

La **valoración inicial "in situ"** es el primer paso en la gestión de una emergencia. Consiste en analizar las condiciones del entorno para determinar la gravedad del suceso, los riesgos existentes y las medidas de actuación más adecuadas.

Esta valoración debe realizarse con rapidez y precisión, siguiendo un procedimiento ordenado que permita tomar decisiones informadas:

Fase	Descripción	Objetivo principal
Observación	Reconocer el tipo de emergencia (incendio, explosión, fuga, accidente).	Identificar el foco o causa principal.
Análisis de riesgos	Evaluar peligros secundarios: derrumbes, humo, materiales tóxicos, electricidad.	Determinar el grado de peligrosidad.
Valoración de víctimas	Comprobar si hay personas afectadas, atrapadas o en peligro inmediato.	Priorizar rescates y evacuación.
Evaluación de recursos	Revisar medios disponibles: extintores, BIEs, hidrantes, equipos de protección.	Optimizar el uso de recursos.
Comunicación inicial	Informar a los órganos de mando y equipos de apoyo.	Activar los protocolos de emergencia.

En una planta industrial, un operario detecta humo saliendo de una sala técnica. Al llegar, el equipo de primera intervención realiza la valoración "in situ":

- Observa que el fuego se origina en un cuadro eléctrico.
- Evalúa la presencia de riesgo eléctrico y gases tóxicos.
- Comprueba que no hay víctimas.
- Determina que el extintor de CO_2 disponible es adecuado.
- Informa al jefe de emergencia y procede a la extinción inicial, evitando la propagación.

2.2. Organización del espacio de intervención

Una vez valorada la situación, es necesario **estructurar el espacio de intervención** para garantizar la seguridad de los equipos y la eficacia de las operaciones.

Esta organización permite delimitar zonas, evitar interferencias y controlar el acceso a áreas peligrosas:

Zona	Descripción	Acceso permitido
Zona caliente (de intervención directa)	Área donde existe el foco del siniestro y riesgos graves (fuego, humo, explosión).	Solo equipos de intervención con EPI y autorización.
Zona templada (de apoyo)	Espacio próximo donde se preparan medios y personal de relevo.	Personal de emergencia y apoyo logístico.
Zona fría (de coordinación y seguridad)	Área exterior libre de riesgo, donde se ubican los mandos, vehículos y puntos de reunión.	Jefes de emergencia, autoridades y servicios externos.

Anotación

Esta estructura zonal se inspira en la metodología del Sistema Comando de Incidentes (SCI), utilizado internacionalmente para emergencias de todo tipo.

Ejemplo

Durante un incendio en un edificio administrativo, el jefe de intervención establece:

- **Zona caliente:** tercer piso (foco del fuego).
- **Zona templada:** segundo piso (acceso controlado para relevo de equipos).
- **Zona fría:** aparcamiento exterior (punto de coordinación y ambulancias).

Esta organización permite mantener la seguridad y la comunicación fluida entre los equipos.

2.3. Aplicación de procedimientos de mando

El **procedimiento de mando** establece la estructura jerárquica y las funciones de cada integrante del equipo de emergencia. Su correcta aplicación asegura que todas las acciones se desarrollen bajo una cadena de mando única y coherente, evitando duplicidades y confusiones.

Una estructura jerárquica típica en una emergencia es la siguiente:

Cargo / Rol	Funciones principales
Director del plan o jefe de emergencia	Asume el mando general, evalúa la situación, toma decisiones y coordina recursos internos y externos.
Jefe de intervención	Dirige directamente las operaciones en la zona afectada, informando al jefe de emergencia.
Equipos de primera intervención (EPI)	Actúan de inmediato ante conatos de incendio o incidentes menores.
Equipos de segunda intervención (ESI)	Refuerzan las operaciones y asisten en evacuación, rescate y control de daños.
Equipo de alarma y evacuación	Coordina la salida del personal y controla las rutas de evacuación.
Equipo de primeros auxilios	Atiende a víctimas y colabora con servicios sanitarios externos.

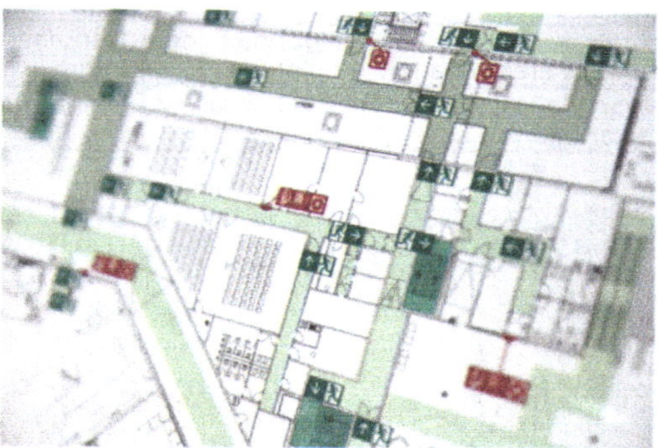

Fig. 3. Todos los miembros deben conocer su papel con antelación y participar periódicamente en simulacros, para evitar improvisaciones durante la emergencia real

En un hospital, durante un simulacro de incendio:

- El jefe de emergencia ordena la evacuación parcial del ala norte.
- El jefe de intervención coordina el cierre de compuertas cortafuegos.
- El equipo de evacuación guía a pacientes hacia zonas seguras.
- El equipo de primeros auxilios atiende a dos personas con inhalación leve de humo.

El ejercicio permite detectar mejoras en la comunicación entre niveles jerárquicos.

2.4. Control en las operaciones de emergencia

El **control de las operaciones** es el proceso mediante el cual el mando responsable supervisa, ajusta y asegura la correcta ejecución de las acciones durante la emergencia. Implica monitorizar la evolución del siniestro, coordinar equipos y verificar el cumplimiento de las órdenes.

Los aspectos clave del control operativo son:

Etapa	Acción de control	Objetivo
Antes de la intervención	Confirmar recursos humanos y materiales disponibles.	Asegurar capacidad de respuesta.
Durante la intervención	Supervisar actuaciones, seguridad del personal y efectividad de medidas.	Mantener el orden y evitar improvisaciones.
Tras la intervención	Evaluar daños, registrar incidencias y redactar informe final.	Mejorar la preparación futura.

Fig. 4. El control efectivo requiere comunicación bidireccional constante, mediante radios, megafonía o sistemas digitales de emergencia, asegurando que las órdenes lleguen sin retrasos ni ambigüedades

Durante un conato de incendio en una nave industrial:

- El jefe de emergencia ordena el corte de energía eléctrica.
- El jefe de intervención informa del control del fuego y solicita ventilación.
- Los equipos confirman la finalización de la intervención.

Se elabora un informe postemergencia en el que se registran los tiempos de respuesta, dificultades encontradas y propuestas de mejora para el plan.

2.5. Proceso de la decisión

El **proceso de la decisión** durante una emergencia es un procedimiento estructurado mediante el cual el responsable (jefe de emergencia o de intervención) analiza la situación, evalúa las alternativas posibles y selecciona la más adecuada para proteger la vida, los bienes y el entorno.

Una decisión eficaz debe tomarse rápidamente, con información limitada, pero basándose en la experiencia, los procedimientos establecidos y la evaluación del riesgo.

Las etapas del proceso de decisión son:

Etapa	Descripción	Ejemplo de aplicación
Detección del problema	Identificación del incidente o amenaza (fuego, fuga, accidente).	Sonido de alarma, humo visible o aviso por radio.
Recopilación de información	Observación directa o comunicación con los equipos.	Confirmar tipo de fuego, materiales afectados y número de personas en peligro.
Evaluación de alternativas	Análisis de posibles actuaciones y sus consecuencias.	Decidir entre evacuar parcialmente o extinguir in situ.
Toma de decisión	Selección de la opción más adecuada y viable.	Ordenar evacuación por escaleras de emergencia.
Comunicación	Transmisión clara de la decisión al personal operativo.	Indicar por megafonía la ruta segura.
Control y revisión	Supervisión del cumplimiento y adaptación si cambia la situación.	Comprobar si la ruta de salida sigue libre de humo.

Durante un incendio en una cocina industrial, el jefe de emergencia debe decidir entre intentar apagar el fuego con un extintor o evacuar inmediatamente al personal. Tras observar que el fuego alcanza conductos de extracción y existe riesgo de expansión, decide ordenar la evacuación total y cierre del gas. Esta decisión, tomada en segundos, evita víctimas y mayores daños estructurales.

2.6. Conducción y seguimiento de las operaciones de emergencia

La **conducción de las operaciones** implica dirigir, coordinar y supervisar las acciones durante toda la emergencia, garantizando la eficacia operativa y la seguridad del personal. Este proceso no se limita a emitir órdenes, sino que requiere anticipar problemas, adaptar decisiones y mantener la comunicación continua con todos los equipos.

Las funciones clave en la conducción operativa son:

Función	Descripción	Responsable
Dirección táctica	Coordinar las acciones en el lugar del siniestro y ajustar la estrategia según la evolución.	Jefe de intervención.
Supervisión de la seguridad	Vigilar las condiciones del entorno, el uso de EPI y el cumplimiento de protocolos.	Encargado de seguridad.
Gestión de la información	Recoger datos del terreno y transmitirlos al puesto de mando.	Coordinadores de zona.
Coordinación externa	Contactar con bomberos, policía, servicios médicos y protección civil.	Jefe de emergencia.
Control logístico	Asegurar que existan recursos y medios materiales disponibles.	Responsable de apoyo.

La conducción efectiva requiere mantener comunicaciones bidireccionales y jerarquizadas, con mensajes cortos, claros y sin ambigüedad.

El **seguimiento** consiste en observar la evolución del suceso para confirmar si las acciones son efectivas o deben modificarse. Esto incluye el registro de incidencias, la valoración del tiempo de respuesta y la identificación de necesidades adicionales.

Los aspectos a controlar son:

- Cumplimiento de los procedimientos.
- Estado de los equipos y materiales.
- Cambios en las condiciones del entorno (temperatura, humo, estructura).
- Estado físico y emocional del personal.
- Finalización ordenada de las operaciones y desmovilización segura.

En una nave industrial con incendio de materiales plásticos:

- El jefe de intervención ordena ataque combinado con agua y espuma.
- Un coordinador de seguridad detecta debilitamiento del forjado y solicita retirada parcial.
- Se modifica la táctica de ataque, manteniendo el control desde el exterior.

El seguimiento constante evita el colapso estructural y posibles lesiones del personal.

2.7. Órganos de mando y apoyo en situaciones de emergencia

Los **órganos de mando y apoyo** constituyen la estructura organizativa encargada de planificar, dirigir y ejecutar las acciones ante una emergencia. Su correcta definición dentro del plan de emergencia es esencial para garantizar una respuesta coordinada y jerarquizada.

La estructura básica de mando es:

Nivel jerárquico	Órgano / Equipo	Responsabilidades principales
Dirección Estratégica	Director del Plan o Jefe de Emergencia	Asume la responsabilidad global, declara la emergencia y coordina con autoridades externas.
Mando Operativo	Jefe de Intervención	Dirige las operaciones en la zona afectada, asigna tareas y evalúa resultados.
Equipos de Actuación	EPI, ESI, evacuación, primeros auxilios	Ejecutan las acciones directas según su ámbito (extinción, rescate, evacuación).
Centro de Control	Puesto de mando interno	Registra comunicaciones, coordina información y supervisa la situación.
Servicios de apoyo	Personal de mantenimiento, seguridad, logística	Aseguran medios técnicos, cortes de suministro y accesos.

Fig. 5. En organizaciones grandes (hospitales, fábricas, centros comerciales), el plan debe incluir un organigrama detallado de emergencias, con nombres, funciones y turnos de sustitución

Por su parte, las funciones complementarias de los órganos de apoyo son:

Área de apoyo	Función específica
Sanitaria	Atención a heridos y coordinación con emergencias externas (112).
Logística	Abastecimiento de materiales, control de accesos y transporte interno.
Técnica	Supervisión de instalaciones, corte de energía, ventilación, comunicación.
Administrativa	Registro de incidentes y apoyo documental al informe postemergencia.

En un edificio corporativo:

- El director del plan activa la emergencia desde el centro de control.
- El jefe de intervención coordina los equipos de extinción y evacuación.
- El equipo de primeros auxilios atiende a un trabajador afectado por humo.
- El servicio de mantenimiento corta la energía y ventila la zona.

En 12 minutos, la emergencia queda controlada sin víctimas ni daños estructurales graves.

3. Planificación de simulacro de emergencia

La **planificación de simulacros** constituye una fase esencial dentro de la organización de la emergencia. Un simulacro es una recreación controlada de una situación de emergencia real, diseñada para verificar la eficacia del plan de emergencia, la preparación del personal y el funcionamiento de los medios técnicos.

El objetivo principal no es solo evaluar la respuesta ante un riesgo concreto, sino también fomentar la cultura preventiva, mejorar la coordinación interna y fortalecer la capacidad de reacción colectiva. Un simulacro bien planificado debe parecer real, pero siempre bajo condiciones seguras, controladas y comunicadas previamente a todos los participantes. Los simulacros permiten descubrir debilidades del plan de emergencia antes de que ocurra una situación real, convirtiéndose en una herramienta de mejora continua.

3.1. Utilidad del simulacro

Los simulacros de emergencia tienen múltiples utilidades tanto a nivel **técnico** como **organizativo y humano**.

A continuación, se resumen las principales finalidades:

Finalidad del simulacro	Descripción
Comprobación de procedimientos	Verificar si las actuaciones planificadas son viables y efectivas.
Evaluación del tiempo de respuesta	Medir cuánto tiempo tarda el personal en reaccionar y evacuar.
Prueba de medios materiales	Evaluar el funcionamiento de alarmas, señalización, comunicaciones y equipos de extinción.
Formación y entrenamiento	Entrenar al personal en el uso de equipos y en la aplicación de los protocolos de emergencia.
Detección de errores y mejoras	Identificar puntos débiles y aplicar medidas correctoras.
Fomento de la conciencia preventiva	Impulsar actitudes responsables y la cooperación ante situaciones de riesgo.

En un edificio administrativo se realiza un simulacro de evacuación total.

Resultados:

- El 90 % del personal siguió correctamente la señalización.
- El tiempo total de evacuación fue de 3 minutos y 40 segundos.
- Se detectó un problema en la audibilidad de la alarma en la planta baja.

Conclusión: se instalaron altavoces adicionales y se repitió el simulacro tres meses después, alcanzando una mejora del 25 % en la evacuación.

Real Decreto 393/2007, de 23 de marzo, por el que se aprueba la Norma Básica de Autoprotección, establece la obligatoriedad de realizar simulacros periódicos en todos los centros que dispongan de un plan de autoprotección. La frecuencia dependerá de la naturaleza de la actividad, pero debe garantizar la formación práctica del personal y la verificación del plan.

Fig. 6. Los simulacros también sirven para evaluar la coordinación con servicios externos (bomberos, policía o protección civil); en organizaciones complejas, como hospitales o aeropuertos, estos ejercicios permiten integrar los recursos internos con los externos bajo un mando unificado

3.2. Organización del simulacro

La organización de un simulacro requiere una planificación minuciosa, en la que se definen los objetivos, el alcance, los participantes, los medios y el cronograma.

Debe seguir una secuencia ordenada que garantice la seguridad y la obtención de resultados evaluables:

Fase	Acciones principales	Objetivo
Planificación previa	Definir tipo de simulacro (incendio, evacuación, derrame, etc.), objetivos, fecha y responsables.	Garantizar la preparación logística y técnica.
Comunicación y coordinación	Informar al personal, a los equipos de emergencia y a los servicios externos (si participan).	Evitar alarmas innecesarias y asegurar la colaboración.
Ejecución	Activar las alarmas, simular la emergencia y desarrollar las actuaciones según el plan.	Evaluar la respuesta y el cumplimiento de los procedimientos.
Evaluación y análisis	Recoger datos, medir tiempos, identificar fallos y elaborar informe final.	Mejorar la eficacia del plan de emergencia.
Retroalimentación y mejora	Aplicar las conclusiones al plan de autoprotección y programar nuevos ejercicios.	Garantizar la mejora continua.

Se expone un caso práctico resuelto sobre un simulacro de incendio en archivo de documentación (planta 2).

Objetivo: Evaluar la respuesta del equipo de evacuación y la comunicación entre plantas.
Duración estimada: 15 minutos.

Fases principales:

1. Activación del sistema de alarma contra incendios.
2. Evacuación progresiva hacia el punto de reunión.
3. Comprobación de presencia de todo el personal.
4. Comunicación al puesto de mando de fin del simulacro.
5. Reunión de evaluación.

Resultado esperado: Evacuación completa en menos de 4 minutos y cumplimiento del protocolo de aviso.

Los criterios de evaluación del simulacro son:

Aspecto evaluado	Indicador	Criterio de valoración
Activación del plan	Tiempo desde detección hasta alarma general	≤ 60 segundos
Evacuación del personal	Tiempo total de salida	≤ 5 minutos
Comunicación interna	Claridad y coordinación de mandos	Correcta en 100 % de equipos
Funcionamiento técnico	Alarma, megafonía, señalización	Sin fallos operativos
Conducta del personal	Cumplimiento de instrucciones	Sin pánico ni desorden
Informe final	Elaborado y difundido	Dentro de 48 horas

Anotación

Cada simulacro debe documentarse mediante un informe de resultados, que incluya incidencias, propuestas de mejora y recomendaciones. Este documento forma parte del registro de autoprotección del centro.

Resumen

La organización de la emergencia constituye la base operativa de cualquier plan de autoprotección. Su finalidad es coordinar de manera eficaz los recursos humanos, materiales y procedimentales para responder ante un incidente crítico, garantizando la seguridad de las personas y la protección de las instalaciones. En este módulo se abordan los elementos clave que permiten estructurar la respuesta ante una emergencia, desde la señalización y la interpretación de planos hasta la conducción y el control de las operaciones.

La señalización de emergencia y los planos de evacuación son herramientas visuales imprescindibles para orientar al personal y a las personas usuarias del edificio durante una situación de riesgo. Su correcta instalación y comprensión permiten una evacuación rápida, ordenada y segura, cumpliendo lo establecido en el Real Decreto 485/1997.

La señalización debe ser uniforme, visible y comprensible para todo el personal, mientras que los planos de evacuación deben representar claramente los recorridos, salidas, zonas seguras, equipos contra incendios y el punto donde se encuentra el observador.

El conocimiento de la estabilidad al fuego de las estructuras y la sectorización del edificio es esencial para planificar la intervención y la evacuación. La estabilidad al fuego determina el tiempo durante el cual los elementos estructurales mantienen su resistencia mecánica frente a un incendio, según los parámetros R (resistencia), E (integridad) e I (aislamiento).

Por su parte, la sectorización y compartimentación dividen el edificio en sectores de incendio mediante muros, puertas y techos resistentes al fuego, limitando la propagación de las llamas y del humo. Estos elementos se complementan con la selección de materiales con baja reacción al fuego, preferiblemente clasificados como A1 o A2 según la norma UNE-EN 13501-1.

Una vez iniciada la emergencia, el primer paso consiste en realizar una valoración "in situ" del escenario, observando el tipo de incidente, los riesgos presentes, las víctimas y los recursos disponibles. Esta valoración permite establecer prioridades y definir la estrategia de actuación. Posteriormente, se procede a la organización del espacio de intervención, dividiendo el área afectada en tres zonas operativas: zona caliente (de riesgo directo), zona templada (de apoyo logístico) y zona fría (de coordinación y seguridad). Esta estructura facilita el control del entorno y la comunicación entre equipos.

El procedimiento de mando se articula en distintos niveles jerárquicos, que aseguran la coordinación global y la ejecución de las órdenes. El jefe o director de emergencia asume la dirección general, mientras que el jefe de intervención gestiona las acciones en el lugar del siniestro. Los equipos de primera y segunda intervención, junto con los de evacuación y primeros auxilios, actúan siguiendo las directrices establecidas. La existencia de una cadena de mando clara y conocida evita la improvisación y mejora la eficacia de la respuesta.

Durante la emergencia, el mando debe aplicar un proceso de decisión estructurado, que incluye la detección del problema, la recopilación de información, la evaluación de alternativas, la toma de decisiones y su posterior revisión. Las decisiones deben ser rápidas, precisas y coherentes con los procedimientos definidos en el plan. La conducción y seguimiento de las operaciones exige mantener una comunicación constante, evaluar la evolución del siniestro y adaptar las acciones según las circunstancias. Finalizada la intervención, se elabora un informe postemergencia con las incidencias y las medidas de mejora detectadas.

Los órganos de mando y apoyo integran la estructura organizativa del plan de emergencia. En ella se distinguen niveles estratégicos, operativos y de apoyo técnico y logístico. Su correcta definición en el plan garantiza que cada persona conozca sus responsabilidades y actúe de acuerdo con los protocolos establecidos. La coordinación entre estos órganos, y con los servicios externos (bomberos, policía, protección civil), resulta decisiva para la eficacia global del sistema.

Finalmente, la planificación de simulacros constituye la herramienta de verificación y entrenamiento más eficaz. Los simulacros permiten evaluar la operatividad del plan, comprobar la capacidad de respuesta del personal y detectar posibles deficiencias en la comunicación, los medios o las rutas de evacuación.

Según el Real Decreto 393/2007, las entidades con plan de autoprotección deben realizar simulacros periódicos, documentando sus resultados mediante un informe de evaluación. Este proceso de práctica y revisión fortalece la cultura preventiva y garantiza la mejora continua del sistema de emergencia.

Glosario

Aislamiento térmico (I)

Propiedad de un elemento constructivo que impide el paso del calor de un lado al otro durante un incendio, evitando la propagación de las llamas o del calor extremo.

Autoprotección

Conjunto de acciones y medidas destinadas a prevenir y controlar los riesgos sobre las personas y los bienes, así como a dar respuesta adecuada ante posibles emergencias.

Centro de control

Punto de coordinación donde se centraliza la información, se comunican las órdenes y se supervisan las operaciones durante la emergencia.

Compartimentación

División física del edificio mediante elementos constructivos resistentes al fuego (muros, puertas, forjados) para evitar la propagación del incendio y del humo.

Conducción de operaciones

Dirección táctica de las acciones realizadas por los equipos de emergencia en el lugar del siniestro, bajo las órdenes del jefe de intervención.

Estabilidad al fuego (R)

Capacidad de un elemento estructural (viga, muro, pilar, forjado) para mantener su resistencia mecánica durante un tiempo determinado frente a la acción del fuego.

Evaluación "in situ"

Análisis inmediato del escenario de emergencia, con el fin de identificar riesgos, víctimas, medios disponibles y prioridades de actuación.

Jefe de emergencia

Responsable máximo del plan de emergencia, encargado de la toma de decisiones estratégicas y de la coordinación general de los recursos humanos y materiales.

Jefe de intervención

Mando operativo que dirige directamente las acciones en la zona afectada por la emergencia, aplicando las órdenes del jefe de emergencia.

Plan de emergencia

Documento que recoge los procedimientos y recursos necesarios para actuar ante distintas situaciones de emergencia (incendio, explosión, fuga, accidente, etc.).

Plano de evacuación

Representación gráfica del edificio donde se muestran las rutas de salida, los equipos de emergencia, las zonas seguras y la ubicación actual del observador.

Proceso de decisión

Secuencia lógica que sigue el mando para analizar la situación, valorar alternativas, elegir la acción más adecuada y controlar su ejecución.

Puesto de mando

Lugar donde se ubican los órganos de dirección y coordinación de las operaciones, con medios de comunicación y control de la emergencia.

Reacción al fuego

Comportamiento de un material al entrar en contacto con el fuego, incluyendo su capacidad para inflamarse, propagar llamas o generar humos y gases tóxicos.

Sector de incendio

Zona delimitada dentro de un edificio que cuenta con elementos constructivos resistentes al fuego, destinada a contener un posible incendio durante un tiempo determinado.

Señalización de emergencia

Sistema de símbolos, colores y señales visuales o acústicas que orientan, advierten o instruyen a las personas durante una emergencia.

Simulacro

Ejercicio práctico que reproduce de forma controlada una emergencia real para comprobar la eficacia del plan, la actuación del personal y la operatividad de los medios técnicos.

Zona caliente, templada y fría

División operativa del área de intervención según el nivel de riesgo: zona caliente (intervención directa), templada (apoyo logístico) y fría (coordinación y seguridad).

Ejercicios de autoevaluación

1. ¿Cuál es el principal objetivo de la organización de la emergencia?

a. Evitar la intervención de los servicios externos.

b. Minimizar costes materiales del siniestro.

c. Coordinar eficazmente los recursos humanos y materiales para salvaguardar vidas y bienes.

d. Documentar los incidentes para auditorías internas.

2. ¿Qué norma regula la señalización de seguridad y salud en los lugares de trabajo?

a. Real Decreto 485/1997.

b. Real Decreto 314/2006.

c. Real Decreto 773/1997.

d. Real Decreto 393/2007.

3. ¿Qué color identifica las señales de salvamento o evacuación?

a. Amarillo.

b. Rojo.

c. Azul.

d. Verde.

4. En un plano de evacuación, ¿qué elemento debe aparecer obligatoriamente?

a. Ubicación del observador ("Usted está aquí").

b. Número de extintores por planta.

c. Nombre de todos los ocupantes.

d. Código de colores de la empresa.

5. La estabilidad al fuego de una estructura indica:

a. El tiempo que tarda el fuego en propagarse por el edificio.

b. El número de extintores necesarios para controlarlo.

c. La capacidad de la estructura para mantener su resistencia mecánica durante un incendio.

d. La temperatura máxima que soportan los materiales decorativos.

6. ¿Qué clasificación representa una estructura capaz de mantener resistencia, integridad y aislamiento térmico durante 120 minutos?

a. RE-120.

b. R-90.

c. REI-120.

d. EI2-60.

7. La sectorización de un edificio sirve para:

a. Aumentar la capacidad de ventilación.

b. Evitar la propagación del fuego y del humo entre zonas.

c. Facilitar la decoración de los espacios interiores.

d. Reducir el consumo energético del inmueble.

8. Las puertas cortafuegos deben permanecer cerradas o:

a. Abiertas con cuñas de madera.

b. Abiertas solo con sistemas de retención magnética conectados a la alarma.

c. Forzadas para permitir paso continuo.

d. Pintadas de color rojo.

9. La reacción al fuego evalúa:

a. Su comportamiento ante la ignición y propagación de llamas.
b. El peso y densidad del material.
c. La temperatura ambiente del entorno.
d. La conductividad térmica del metal.

10. En la valoración "in situ" de un escenario de emergencia, la primera fase es:

a. Evaluar el número de víctimas.
b. Avisar a los medios externos.
c. Revisar el inventario de materiales.
d. Observar el tipo y origen de la emergencia.

Módulo 3. Protección, autoprotección y primeros auxilios

Introducción

La protección y autoprotección constituyen los pilares fundamentales de toda estrategia de prevención y respuesta ante emergencias. En una situación crítica —como un incendio, una explosión, una fuga de gas o un derrumbe—, el tiempo de reacción y la coordinación de los equipos resultan determinantes para evitar lesiones personales y daños materiales. Por ello, conocer los protocolos de actuación, el funcionamiento de los equipos de emergencia y las técnicas básicas de primeros auxilios es esencial para garantizar la seguridad en cualquier entorno laboral o público.

La protección implica el conjunto de medidas, recursos humanos y materiales destinados a minimizar los efectos de una emergencia y garantizar la seguridad de las personas. Dentro de esta estructura, los equipos de emergencia (como el equipo de primera intervención, el de alarma y evacuación o el de primeros auxilios) desempeñan funciones específicas que deben ejecutarse de forma ordenada y bajo un mando coordinado.

Por su parte, la autoprotección hace referencia a la capacidad de las personas y de las organizaciones para actuar por sí mismas ante un riesgo, siguiendo un plan previamente diseñado. Los planes de autoprotección establecen los procedimientos, responsabilidades, recursos y acciones que deben ponerse en marcha para hacer frente a las diferentes situaciones de emergencia, garantizando una respuesta eficaz y segura.

Finalmente, el módulo aborda los primeros auxilios, entendidos como las actuaciones inmediatas y temporales que se aplican a una persona accidentada o enferma de forma repentina, antes de la llegada de los servicios médicos profesionales. Entre ellos, la reanimación cardiopulmonar (RCP), el control de hemorragias, la atención a heridas, quemaduras o fracturas son procedimientos básicos que pueden marcar la diferencia entre la vida y la muerte.

Objetivos

- Identificar las funciones y responsabilidades de los diferentes equipos de protección y de emergencia, comprendiendo la estructura jerárquica y el papel del jefe de emergencia.
- Reconocer los principios y fases de la autoprotección, así como la importancia de los planes de autoprotección en la prevención y respuesta ante emergencias.
- Aplicar correctamente las medidas básicas de primeros auxilios, incluyendo la RCP básica y la atención a heridas, hemorragias, fracturas, luxaciones y quemaduras.
- Colaborar de manera efectiva en situaciones de emergencia, manteniendo la calma, el trabajo en equipo y la disposición de salvamento.
- Valorar la importancia de la formación continua en autoprotección y primeros auxilios, como garantía de seguridad en el entorno laboral y personal.

1. Descripción de la protección

La **protección ante emergencias** comprende el conjunto de acciones, recursos y estructuras organizativas orientadas a minimizar los efectos de un suceso adverso. Su finalidad principal es preservar la vida y la integridad de las personas, reducir los daños materiales y facilitar el restablecimiento de la normalidad.

Dentro de este sistema se integran diversos equipos de protección, formados por personal con funciones claramente definidas, que actúan bajo la coordinación de un jefe de emergencia y siguiendo los procedimientos establecidos en el plan de autoprotección de la organización.

El grado de eficacia de la respuesta depende tanto del entrenamiento del personal como de la disponibilidad y correcto mantenimiento de los medios materiales (extintores, equipos de respiración, alarmas, etc.).

 **Anotación**

Una emergencia no controlada se agrava de forma exponencial con el tiempo. Por ello, la rapidez en la activación del plan y la coordinación de los equipos son factores decisivos para evitar víctimas.

1.1. Equipo de protección

El **equipo de protección** está integrado por un grupo de personas designadas por la organización para **intervenir en caso de emergencia**, con el objetivo de controlar el incidente y proteger a los ocupantes del edificio. Este equipo suele estar formado por diferentes unidades especializadas, cada una con responsabilidades específicas.

Los principales **equipos funcionales** que forman parte del sistema de protección son los siguientes:

Equipo	Función principal	Ejemplo de actuación
Equipo de Primera Intervención (EPI)	Controlar conatos de incendio mediante extintores o bocas de incendio equipadas.	Uso de extintor en un fuego de papel en oficina.
Equipo de Segunda Intervención (ESI)	Apoyar al EPI con medios mayores o en emergencias más graves.	Despliegue de mangueras en un almacén.
Equipo de Alarma y Evacuación (EAE)	Activar la alarma, guiar a las personas y garantizar una evacuación ordenada.	Apertura de salidas de emergencia y ayuda a personas con movilidad reducida.
Equipo de Primeros Auxilios (EPA)	Prestar asistencia inmediata a heridos o afectados hasta la llegada de servicios sanitarios.	Aplicar RCP o controlar hemorragias leves.
Centro de Control o Puesto de Mando	Coordinar las actuaciones y mantener comunicación con servicios externos.	Contacto con bomberos y registro de incidentes.

En una oficina con 40 trabajadores, el responsable de seguridad designa dos personas para el Equipo de Primera Intervención, una para Primeros Auxilios y otra como responsable de evacuación. Todos reciben formación anual y realizan simulacros semestrales.

1.2. Misiones de los miembros del equipo de protección

Cada integrante del equipo de protección cumple un papel específico dentro de la estructura jerárquica de emergencia. El cumplimiento disciplinado de estas **misiones** evita el caos y garantiza la efectividad del plan.

Las funciones principales pueden resumirse en la siguiente tabla:

Cargo o miembro	Misión principal	Competencias específicas
Jefe de emergencia	Dirigir y coordinar todas las actuaciones.	Evalúa la gravedad, activa el plan y comunica con servicios externos.
Jefe de intervención	Supervisar las tareas técnicas de control.	Indica el uso de medios de extinción y coordina los equipos.
Equipo de Primera Intervención (EPI)	Atacar el conato de incendio de forma inmediata.	Aplicar técnicas seguras de extinción, desconectar energía, cerrar válvulas de gas.
Equipo de Alarma y Evacuación (EAE)	Garantizar la evacuación ordenada del personal.	Señalar rutas de escape, verificar espacios, ayudar a personas vulnerables.
Equipo de Primeros Auxilios (EPA)	Atender a lesionados o intoxicados.	Aplicar protocolos básicos y comunicar el estado al jefe de emergencia.
Personal colaborador	Apoyar según indicaciones del jefe.	Facilitar el acceso a los servicios externos y mantener la calma del grupo.

Fig. 1. Todos los integrantes deben conocer los puntos de reunión, los medios disponibles y las vías de comunicación interna; la formación y el adiestramiento son requisitos obligatorios para garantizar la eficacia operativa

1.3. Jefe de emergencia

El **jefe de emergencia** es la figura central en la gestión de cualquier incidente. Su responsabilidad abarca la evaluación inicial de la situación, la toma de decisiones críticas y la coordinación de todos los equipos implicados.

Sus principales funciones son:

1. **Recibir el aviso de emergencia** y valorar la gravedad de la situación.
2. **Activar el plan de autoprotección** y dar la orden de intervención o evacuación.

3. **Coordinar los equipos internos**, garantizando la comunicación fluida entre ellos.

4. **Mantener contacto con los servicios externos** (bomberos, policía, ambulancias).

5. **Decidir la vuelta a la normalidad** una vez controlada la situación.

6. **Registrar el incidente**, analizando posteriormente su gestión para mejora del plan.

Saber más

En centros grandes o de alta ocupación, puede existir un jefe de emergencia general y varios jefes sectoriales, que actúan en zonas concretas del edificio bajo una estructura jerárquica escalonada.

El jefe de emergencia debe **mantener la serenidad y autoridad** en todo momento. Una orden confusa o contradictoria puede provocar el pánico entre los ocupantes.

1.4. Equipo de Primera Intervención

El **Equipo de Primera Intervención** está compuesto por personal formado en el uso de extintores, bocas de incendio equipadas (BIE) y otros medios manuales de extinción. Su misión es actuar de forma inmediata ante un incendio incipiente para impedir su propagación, siempre que la intervención no suponga un riesgo personal excesivo.

Sus funciones principales son:

- Verificar la alarma y acudir con rapidez al foco del incendio.
- Valorar el tipo de fuego (según su clase: A, B, C, D o F) y seleccionar el agente extintor adecuado.
- Cortar suministros eléctricos o de gas si fuera necesario.
- Contribuir a la evacuación de la zona afectada si la extinción no es posible.
- Informar al jefe de emergencia del desarrollo de la intervención.

Clase de fuego	Material combustible	Agente extintor recomendado
A	Sólidos (madera, papel, tejidos)	Agua o espuma.
B	Líquidos inflamables (gasolina, aceites)	Espuma o polvo ABC.
C	Gases inflamables	Polvo ABC o CO_2.
D	Metales combustibles	Polvo especial clase D.
F	Aceites y grasas de cocina	Agente específico clase F.

En la cocina de una residencia se inicia un fuego en una sartén con aceite. El miembro del EPI usa un extintor clase F, corta la corriente eléctrica y cierra la válvula de gas. Al mismo tiempo, otro compañero avisa al jefe de emergencia y se inicia la evacuación del área.

1.5. Equipo de Primeros Auxilios

El **Equipo de Primeros Auxilios (EPA)** forma parte esencial del sistema de protección y autoprotección. Su finalidad es prestar una atención inmediata, eficaz y segura a las personas accidentadas o afectadas durante una emergencia, hasta que lleguen los servicios médicos especializados.

Los integrantes de este equipo deben haber recibido formación específica y actualizada en técnicas básicas de primeros auxilios, reanimación cardiopulmonar (RCP) y atención a traumatismos, hemorragias, quemaduras o intoxicaciones.

Además, deben conocer la ubicación y contenido del botiquín de primeros auxilios del centro.

Responsabilidades principales	Acciones específicas
Atención inmediata	Evaluar el estado del accidentado y aplicar medidas urgentes para preservar la vida.
Evacuación segura	Trasladar o mantener al herido en posición adecuada, evitando movimientos innecesarios.
Comunicación	Informar al jefe de emergencia del tipo y número de víctimas.
Coordinación externa	Facilitar la labor de los servicios sanitarios cuando lleguen al lugar.
Reposición del material sanitario	Revisar periódicamente el contenido del botiquín.

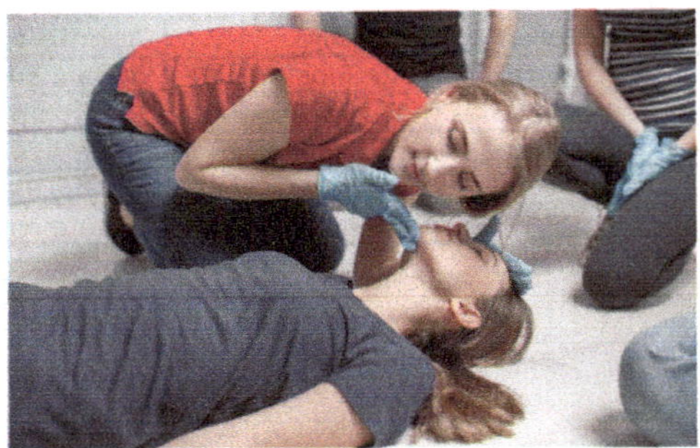

Fig. 2. Los primeros auxilios no sustituyen la atención médica, pero pueden salvar vidas en los primeros minutos críticos; por ello, el personal designado debe ser identificado y estar localizable en todo momento

Por su parte, el contenido básico del botiquín debe ser:

Elemento	Utilidad principal
Gasas estériles y vendas	Cubrir heridas y controlar hemorragias.
Guantes desechables	Evitar contagios y contaminación.
Tijeras y pinzas	Cortar vendajes o retirar cuerpos extraños superficiales.
Antisépticos (clorhexidina, povidona yodada)	Desinfección de heridas.
Suero fisiológico	Limpieza ocular o de heridas.
Manta térmica	Evitar hipotermia en accidentados.
Mascarilla para RCP	Realizar respiración asistida de forma segura.
Manual de primeros auxilios	Consulta rápida ante dudas.

En un taller, un operario sufre una quemadura leve al manipular una herramienta caliente. El miembro del EPA aplica agua fría sobre la zona afectada, desinfecta con un antiséptico, coloca una gasa estéril y registra el incidente para seguimiento.

1.6. Equipo de alarma y evacuación

El **Equipo de Alarma y Evacuación (EAE)** es responsable de detectar la emergencia, activar la alarma general y garantizar la evacuación ordenada y segura de todas las personas que se encuentren en el recinto. Su actuación es clave para evitar el pánico y reducir el riesgo de lesiones durante el desplazamiento.

Sus funciones principales son:

1. **Activar la alarma** cuando se confirme una emergencia o por orden del jefe de emergencia.
2. **Guiar la evacuación** siguiendo las rutas establecidas en el plan de autoprotección.
3. **Comprobar la evacuación completa** de zonas asignadas (oficinas, talleres, aulas, etc.).
4. **Ayudar a personas con movilidad reducida o necesidades especiales.**
5. **Cerrar puertas y ventanas** para limitar la propagación del fuego o del humo.
6. **Dirigir a los ocupantes hacia el punto de reunión exterior.**
7. **Informar al jefe de emergencia** una vez completada la evacuación de su sector.

Fig. 3. Durante la evacuación no deben utilizarse los ascensores, ya que pueden quedar bloqueados o llenarse de humo: las escaleras son siempre la vía prioritaria de salida

Los tipos de señalización de evacuación son:

Tipo de señal	Color predominante	Significado	Ejemplo visual
Salida de emergencia	Verde	Indica la dirección hacia una vía de escape.	Pictograma de persona corriendo hacia puerta.
Punto de reunión	Verde	Indica la zona de concentración segura.	Icono de varias personas reunidas.
Prohibición de acceso	Rojo	Señala áreas restringidas durante la emergencia.	Círculo rojo con línea diagonal.
Extintor / BIE	Rojo	Ubicación de medios de extinción.	Dibujo de extintor o manguera.

En un centro comercial, se detecta humo en un almacén. El EAE activa la alarma, dirige al público hacia las salidas más cercanas y asegura que el personal ayude a niños y personas mayores. En menos de tres minutos, el edificio queda evacuado y el equipo informa al jefe de emergencia.

1.7. Centro de control

El **Centro de Control** (también denominado Puesto de Mando o Puesto de Control de Emergencias) es el núcleo operativo de coordinación de todas las acciones durante una emergencia. Desde este punto se recibe la información, se gestionan los recursos y se comunican las órdenes a los diferentes equipos.

Sus funciones esenciales son:

- Recepción y verificación de alarmas.
- Evaluación inicial de la situación, según los avisos de los equipos.
- Activación del plan de emergencia y comunicación con el jefe de emergencia.
- Coordinación con los servicios externos (bomberos, policía, emergencias médicas).
- Seguimiento del desarrollo del incidente mediante comunicación continua.
- Registro de incidencias y control de tiempos.
- Restablecimiento de la normalidad una vez finalizada la emergencia.

Los requisitos técnicos del centro de control son:

Elemento	Descripción o finalidad
Sistema de comunicaciones	Teléfonos fijos y móviles, radios portátiles o sistemas intercomunicados.
Panel de control o planos del edificio	Identificación de zonas críticas, salidas, sistemas de detección y alarmas.
Registro de incidencias	Documentación de actuaciones y tiempos de respuesta.
Equipos de respaldo energético	Suministro alternativo en caso de corte eléctrico.
Contactos externos	Listado actualizado de bomberos, policía, servicios médicos, mantenimiento, etc.

 **Saber más**

En instalaciones grandes (hospitales, aeropuertos, centros comerciales), el Centro de Control suele contar con monitores de CCTV, sensores de alarma conectados a sistemas de detección de incendios, y personal técnico especializado las 24 horas del día.

Tras cada emergencia, el centro de control debe elaborar un **informe de evaluación** con las incidencias detectadas, las medidas adoptadas y las mejoras recomendadas para futuras actuaciones.

 **Legislación**

Ley 31/1995, de 8 de noviembre, de Prevención de Riesgos Laborales, y su desarrollo mediante el Real Decreto 39/1997 (Reglamento de los Servicios de Prevención), establecen la obligación de las empresas de adoptar medidas de emergencia y designar personal encargado de aplicarlas.

Además, el Real Decreto 393/2007, por el que se aprueba la Norma Básica de Autoprotección, regula los contenidos mínimos de los planes de autoprotección y la estructura organizativa que debe implantarse para la gestión de emergencias.

2. Planificación de la autoprotección

La **planificación de la autoprotección** constituye la herramienta fundamental para garantizar una respuesta eficaz y organizada ante cualquier emergencia. Su objetivo es anticiparse a los riesgos potenciales, definir los procedimientos de actuación, y establecer las responsabilidades, recursos y protocolos que aseguren la protección de las personas y bienes.

Un plan de autoprotección no se limita a redactar un documento: implica un **proceso dinámico y continuo** de análisis, implantación, formación, simulación y mejora. Este proceso debe adaptarse a las características del centro (tamaño, actividad, número de ocupantes, entorno, etc.) y cumplir con la normativa vigente en materia de seguridad y emergencias.

La autoprotección eficaz se basa en tres principios: prevención, organización y actuación inmediata. Sin la combinación de estos tres pilares, el plan carece de eficacia real.

2.1. Autoprotección como mejor auxilio

La **autoprotección** puede definirse como el conjunto de acciones y medidas adoptadas por las propias personas o entidades para prevenir riesgos y actuar adecuadamente ante una emergencia, sin depender exclusivamente de los servicios públicos de socorro. En este sentido, la autoprotección representa el primer y más eficaz auxilio en los momentos iniciales de una crisis.

El tiempo de reacción durante los primeros minutos de una emergencia suele ser crítico, ya que los servicios externos (bomberos, ambulancias, policía) pueden tardar varios minutos en llegar. Por tanto, la capacidad de respuesta interna —basada en formación, práctica y organización— es la que puede evitar víctimas y minimizar daños.

Ventajas de una buena autoprotección	Consecuencias de una mala planificación
Actuación rápida y coordinada.	Caos, pánico y descoordinación.
Reducción de lesiones y daños materiales.	Agravamiento de la situación y víctimas.
Conocimiento del entorno y de los riesgos.	Falta de información ante el suceso.
Mejora del clima laboral y la confianza.	Sensación de inseguridad entre el personal.

En un edificio de oficinas se inicia un pequeño incendio en una impresora. Gracias a la formación en autoprotección, un trabajador del equipo de primera intervención utiliza el extintor correctamente y controla el fuego antes de que se propague. No se requiere asistencia externa.

2.2. Planes de autoprotección

El plan de autoprotección es el documento técnico que recoge el conjunto de medidas y procedimientos organizativos y técnicos destinados a prevenir y controlar los riesgos sobre las personas y los bienes, y a proporcionar una respuesta adecuada ante situaciones de emergencia.

El contenido básico del plan de autoprotección (según **RD 393/2007**) es:

Capítulo	Contenido esencial
Identificación del titular y del emplazamiento	Datos de la empresa, ubicación y entorno.
Descripción de la actividad y del edificio	Superficies, número de personas, instalaciones de riesgo.
Inventario y análisis de riesgos	Evaluación de los riesgos potenciales y sus causas.
Medios de protección existentes	Sistemas de detección, alarma, extinción, evacuación, etc.
Plan de actuación ante emergencias	Procedimientos de aviso, alarma, intervención y evacuación.
Integración con los planes externos	Coordinación con servicios públicos y planes municipales.
Implantación y mantenimiento	Formación, simulacros, revisiones y actualizaciones periódicas.

En un hospital, el plan de autoprotección establece protocolos distintos según el tipo de emergencia (incendio, fuga de gas, amenaza de bomba, corte eléctrico) y define la actuación específica para cada planta, incluyendo la priorización de evacuación de pacientes en UCI y quirófanos.

2.3. Formación en autoprotección

La **formación** constituye el eje central de la eficacia de cualquier plan de autoprotección. Un plan bien diseñado pierde todo su valor si las personas que deben aplicarlo no lo conocen o no saben cómo actuar.

La formación en autoprotección debe orientarse tanto al personal designado en los equipos de emergencia como al resto de trabajadores u ocupantes del centro, adaptando el nivel de detalle a sus responsabilidades:

Nivel de formación	Destinatarios	Objetivos principales
Básico o general	Todo el personal y ocupantes.	Conocer las normas básicas de seguridad, evacuación y comportamiento.
Específico	Equipos de primera intervención, alarma y primeros auxilios.	Dominar los procedimientos de actuación y uso de medios de protección.
Avanzado o de reciclaje	Jefes de emergencia y responsables de seguridad.	Perfeccionar la coordinación, toma de decisiones y liderazgo durante emergencias.

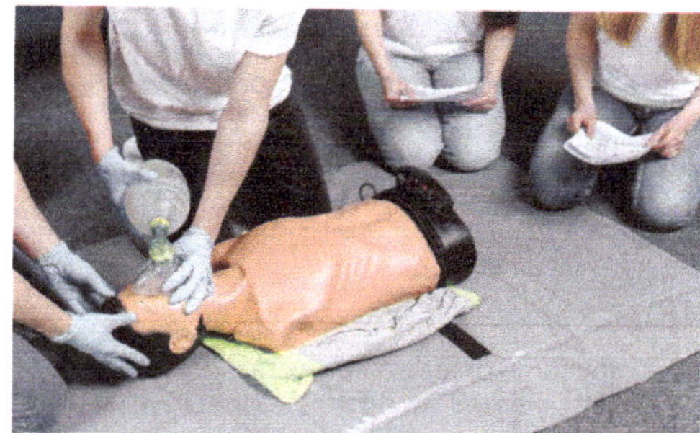

Fig. 4. Los programas formativos deben incluir sesiones teóricas y prácticas, con especial énfasis en simulacros, uso de extintores, manejo de equipos de emergencia y primeros auxilios básicos

En un centro educativo, se realiza cada año un curso de dos horas sobre autoprotección, seguido de un simulacro general. Durante el ejercicio, los alumnos aprenden las rutas de evacuación y los profesores practican el rol de responsables de grupo.

2.4. Implantación y mantenimiento de los planes

La implantación del plan de autoprotección consiste en poner en práctica sus contenidos, asegurando que todas las personas implicadas conozcan sus funciones y procedimientos. Una vez implantado, el plan debe mantenerse actualizado y operativo mediante revisiones y simulacros periódicos.

Las fases de la implantación son:

Fase	Acción principal	Resultado esperado
Comunicación	Difundir el plan entre todo el personal y colocar planos de emergencia visibles.	Todo el personal conoce los procedimientos y salidas.
Formación inicial	Capacitar a los equipos de emergencia y asignar responsabilidades.	Equipos entrenados y designados.
Ensayo y simulacro	Realizar ejercicios prácticos para comprobar la eficacia del plan.	Detección de errores y propuestas de mejora.
Evaluación y mejora continua	Analizar los resultados de simulacros e incidentes.	Plan ajustado a la realidad operativa.

La revisión del plan debe realizarse al menos una vez al año, o cada vez que se produzcan cambios estructurales, técnicos o de personal en el centro.

Una empresa amplía su almacén y modifica las rutas de salida. El responsable de seguridad actualiza el plano de evacuación, realiza un nuevo simulacro y comunica los cambios a todos los trabajadores.

Norma Básica de Autoprotección (RD 393/2007): Obliga a los titulares de actividades incluidas en su anexo I (industriales, docentes, hospitalarias, deportivas, etc.) a implantar y mantener actualizados sus planes de autoprotección.

Ley 31/1995 de Prevención de Riesgos Laborales, artículos 20 y 21: establece que el empresario debe adoptar medidas de emergencia y designar personal encargado de aplicarlas, garantizando su formación y los medios necesarios.

3. Aplicación de primeros auxilios

Los **primeros auxilios** son el conjunto de actuaciones inmediatas y temporales que se aplican a una persona accidentada o enferma de forma repentina hasta la llegada de personal sanitario. Su finalidad es preservar la vida, evitar complicaciones y aliviar el dolor.

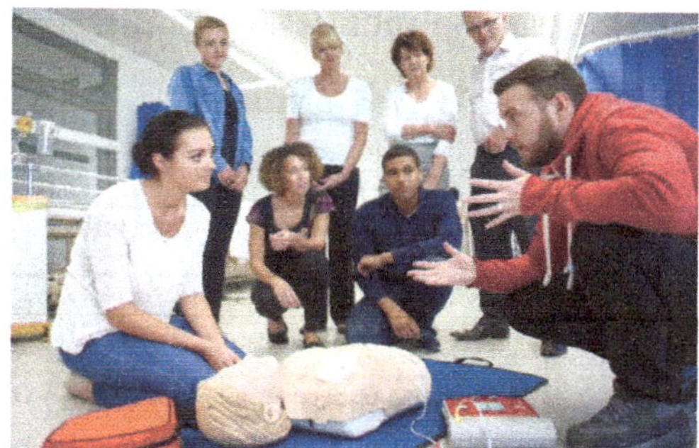

Fig. 5. En cualquier entorno laboral o público, disponer de personal formado en primeros auxilios es una garantía de seguridad

La rapidez, la calma y el conocimiento de los procedimientos adecuados son factores determinantes para reducir la gravedad de las lesiones.

En una emergencia, actuar sin saber puede ser tan peligroso como no actuar. Es esencial mantener la serenidad, pedir ayuda y aplicar solo los procedimientos aprendidos.

3.1. RCP básica

La **Reanimación Cardiopulmonar (RCP)** es una técnica destinada a mantener la circulación y la oxigenación del cuerpo cuando una persona ha dejado de respirar o su corazón ha dejado de latir. Constituye una de las maniobras más importantes dentro de los primeros auxilios.

Los pasos básicos del procedimiento RCP (según la secuencia CAB: *Compressions, Airway, Breathing*) son:

Paso	Acción	Objetivo
Comprobar la seguridad	Asegurarse de que el entorno no presenta peligro.	Evitar nuevos accidentes.
Comprobar consciencia y respiración	Sacudir suavemente los hombros y preguntar "¿Se encuentra bien?". Observar si respira.	Detectar parada cardiorrespiratoria.
Llamar al 112	Activar el sistema de emergencias y solicitar un desfibrilador (DEA).	Obtener asistencia profesional.
Compresiones torácicas	Colocar ambas manos en el centro del pecho, presionar 5-6 cm de profundidad, a un ritmo de 100-120 por minuto.	Mantener la circulación sanguínea.
Apertura de vía aérea	Inclinar la cabeza hacia atrás y elevar el mentón.	Facilitar el paso del aire.
Ventilaciones	Realizar 2 insuflaciones boca a boca o con mascarilla.	Aportar oxígeno a los pulmones.
Continuar el ciclo	Alternar 30 compresiones y 2 ventilaciones hasta la llegada de ayuda o recuperación de la víctima.	Mantener la oxigenación del organismo.

Ejemplo

Un trabajador se desploma en el almacén y no responde. Un compañero verifica que no respira, llama al 112 y comienza la RCP con 30 compresiones y 2 ventilaciones hasta que llega el personal sanitario.

Fig. 6. Si se dispone de DEA (Desfibrilador Externo Automático), se debe colocar y seguir sus instrucciones de voz inmediatamente tras iniciar la RCP

3.2. Heridas

Una **herida** es la pérdida de continuidad de la piel o mucosas, provocada por un agente externo. Pueden clasificarse en **heridas leves** (superficiales) y **heridas graves** (profundas o con hemorragia intensa).

Los tipos más comunes y tratamiento inicial son:

Tipo de herida	Características	Actuación recomendada
Cortante	Producida por objetos afilados (cuchillo, cristal).	Lavar con agua y jabón, desinfectar y cubrir con gasa estéril.
Punzante	Provocada por clavos o agujas.	No cerrar herméticamente, vigilar signos de infección.
Contusa	Golpe sin corte evidente, pero con hematoma.	Aplicar frío local y reposo.
Abrasionada o rozadura	Lesión superficial.	Limpiar con suero fisiológico y cubrir con apósito.
Avulsiva o desgarrada	Pérdida de tejido.	Controlar hemorragia y cubrir sin presionar; trasladar al hospital.

No deben aplicarse pomadas ni alcohol directamente sobre la herida. En caso de objetos incrustados, no intentar extraerlos; se deben inmovilizar y acudir a urgencias.

3.3. Hemorragias

La **hemorragia** es la salida de sangre de los vasos sanguíneos. Según su origen, puede ser externa, interna o mixta. La pérdida abundante de sangre puede provocar shock hipovolémico, por lo que requiere atención inmediata.

Tipo de hemorragia	Signos característicos	Actuación inmediata
Capilar	Sangrado lento y uniforme.	Limpiar y cubrir con gasa estéril.
Venosa	Sangrado oscuro y continuo.	Presionar la zona con un apósito y elevar el miembro afectado.
Arterial	Sangre roja brillante que sale a borbotones.	Presión directa inmediata, compresión del punto arterial y aviso urgente al 112.
Interna	No visible; puede acompañarse de palidez, mareo o sudor frío.	Colocar a la persona en posición horizontal y mantenerla en reposo. No dar alimentos ni bebidas.

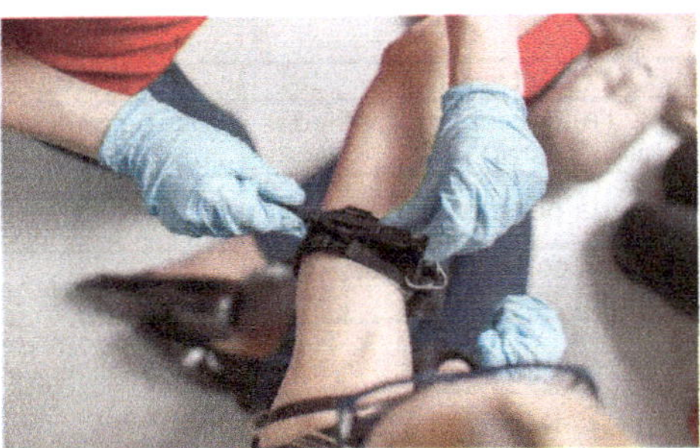

Fig. 7. Los torniquetes solo deben emplearse como último recurso, y únicamente por personal entrenado, ya que pueden causar necrosis si se usan incorrectamente

3.4. Fracturas y luxaciones

Las **fracturas** son rupturas totales o parciales del hueso; las **luxaciones**, desplazamientos de los extremos óseos de una articulación. Ambas lesiones requieren **inmovilización inmediata** para evitar daños mayores.

Lesión	Síntomas principales	Actuación recomendada
Fractura cerrada	Dolor intenso, deformidad, imposibilidad de mover el miembro.	No mover el miembro; inmovilizar con férulas o tablillas y trasladar al hospital.
Fractura abierta	Hueso visible y sangrado.	No reintroducir el hueso; cubrir con gasa estéril y controlar la hemorragia.
Luxación	Dolor, inflamación y pérdida de movilidad en la articulación.	No intentar recolocar; inmovilizar y aplicar frío local.

Nunca se debe mover a una persona con sospecha de lesión vertebral o craneal. Es preferible esperar a los servicios de emergencia.

Durante un simulacro, un participante cae y se sospecha fractura de pierna. Se inmoviliza con dos tablas laterales fijadas con vendas, se eleva ligeramente y se espera la ambulancia.

3.5. Quemaduras

Las **quemaduras** son lesiones producidas por la acción del calor, sustancias químicas, electricidad o radiación. Se clasifican en **grados** según su profundidad y gravedad:

Grado	Afectación	Aspecto	Actuación recomendada
Primer grado	Capa superficial de la piel.	Enrojecimiento, dolor leve.	Aplicar agua fría 10-15 minutos, sin hielo; no reventar ampollas.
Segundo grado	Dermis y epidermis.	Ampollas, dolor intenso.	Enfriar con agua, cubrir con gasa estéril; no aplicar pomadas.
Tercer grado	Todas las capas de la piel.	Piel blanquecina o carbonizada, pérdida de sensibilidad.	No retirar ropa adherida; cubrir con paño limpio y acudir a urgencias.

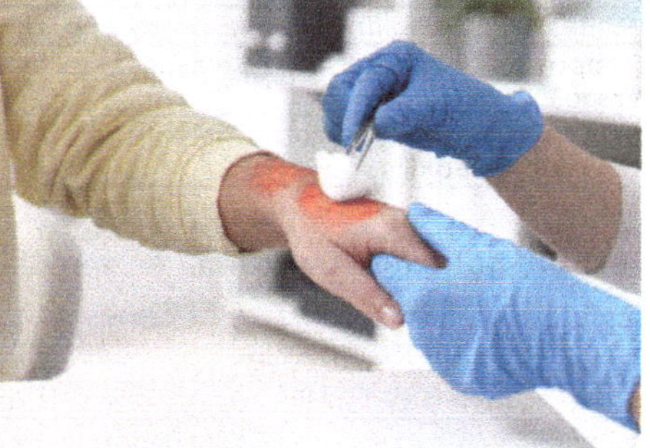

Fig. 8. Nunca deben aplicarse remedios caseros (aceite, pasta de dientes, mantequilla); solo se debe enfriar la zona y protegerla de infecciones

En una cocina industrial, un trabajador sufre una quemadura de segundo grado por aceite caliente. Se enfría la zona con agua durante 10 minutos, se cubre con gasa estéril y se traslada al servicio médico.

3.6. Botiquín de primeros auxilios y enfermería

El **botiquín de primeros auxilios** es un elemento imprescindible en cualquier centro de trabajo. Debe ubicarse en un lugar accesible, señalizado y limpio, y su contenido debe revisarse periódicamente para asegurar que los materiales no estén caducados ni deteriorados.

Su contenido básico recomendado es:

Categoría	Materiales
Protección personal	Guantes desechables, mascarilla para RCP, gel hidroalcohólico.
Desinfección	Suero fisiológico, clorhexidina o povidona yodada, gasas estériles.
Curas y vendajes	Vendas, apósitos adhesivos, esparadrapo, tijeras, pinzas.
Control de hemorragias	Compresas estériles, vendas elásticas, torniquete (solo en entornos de riesgo).
Otras necesidades	Manta térmica, termómetro, lista de teléfonos de emergencia, manual de primeros auxilios.

Debe designarse un **responsable del botiquín**, encargado de su mantenimiento, revisión y reposición tras cada uso.

Tras una pequeña incidencia, el equipo de primeros auxilios anota en el registro del botiquín el uso de gasas y desinfectante, y repone el material al finalizar la jornada.

Resumen

La protección y autoprotección son los elementos clave en la gestión de emergencias dentro de cualquier entorno laboral o público. El objetivo principal de la protección es salvaguardar la vida y la integridad de las personas, así como minimizar los daños materiales. Para ello, se organizan equipos especializados y coordinados bajo la dirección de un jefe de emergencia, que es quien evalúa la situación, activa el plan correspondiente y dirige las actuaciones. Entre los equipos más importantes se encuentran el Equipo de Primera Intervención (EPI), encargado de controlar conatos de incendio; el Equipo de Alarma y Evacuación (EAE), responsable de la evacuación ordenada de las personas; y el Equipo de Primeros Auxilios (EPA), que presta asistencia inmediata a los heridos.

La estructura organizativa de la emergencia se apoya en un Centro de Control, también denominado puesto de mando, desde el cual se centraliza la información y la comunicación con los servicios externos. Cada integrante del sistema de protección debe conocer sus funciones, el uso correcto de los equipos y los procedimientos establecidos en el plan de autoprotección. Este documento técnico constituye la herramienta fundamental para planificar las medidas preventivas y de actuación ante situaciones de riesgo, y su correcta implantación es un requisito legal establecido por el Real Decreto 393/2007, que aprueba la Norma Básica de Autoprotección.

La planificación de la autoprotección se basa en tres principios esenciales: prevención, organización y actuación inmediata. Prevenir significa identificar los posibles riesgos y reducir su probabilidad; organizar implica definir los recursos humanos y materiales disponibles; y actuar de inmediato garantiza una respuesta rápida en los primeros minutos críticos de la emergencia. Los planes de autoprotección deben incluir la identificación de los riesgos, los medios de protección existentes, los procedimientos de emergencia y los mecanismos de coordinación con los servicios externos. Asimismo, deben mantenerse actualizados y revisarse periódicamente, especialmente cuando cambian las instalaciones o el personal.

La formación en autoprotección resulta indispensable para asegurar la eficacia del plan. Todo el personal debe conocer las normas básicas de actuación, las rutas de evacuación y la localización de los equipos de emergencia. Los miembros designados para los equipos deben recibir una formación más específica y participar en simulacros periódicos, que permiten comprobar el funcionamiento real de los procedimientos y detectar áreas de mejora. La implantación del plan finaliza cuando toda la organización está entrenada y preparada para responder ante una emergencia de manera coordinada.

Dentro de la respuesta inmediata, los primeros auxilios ocupan un papel esencial. Son las actuaciones que se aplican de forma urgente a una persona accidentada o enferma hasta la llegada de asistencia médica profesional. Su finalidad es preservar la vida, evitar el agravamiento de las lesiones y aliviar el dolor. Entre las maniobras más importantes destaca la Reanimación Cardiopulmonar (RCP), que se realiza en situaciones de paro cardiorrespiratorio mediante compresiones torácicas y ventilaciones alternadas. También se abordan los procedimientos básicos ante heridas, hemorragias, fracturas, luxaciones y quemaduras, que requieren mantener la calma, actuar con rapidez y evitar intervenciones inadecuadas.

El botiquín de primeros auxilios constituye un elemento imprescindible de cualquier sistema de autoprotección. Debe estar ubicado en un lugar visible, accesible y señalizado, contener el material necesario para la atención básica (gasas, antisépticos, vendas, guantes, manta térmica, entre otros) y revisarse periódicamente por personal responsable. Su disponibilidad inmediata permite atender lesiones leves y mantener al herido en condiciones seguras mientras llegan los servicios médicos.

En definitiva, la protección, la autoprotección y los primeros auxilios forman un sistema integral de seguridad que depende del compromiso de toda la organización. La preparación previa, la formación continua, la práctica mediante simulacros y el mantenimiento actualizado de los planes constituyen la mejor garantía para reducir los riesgos y actuar con eficacia ante cualquier emergencia. Este enfoque preventivo, exigido por la Ley 31/1995 de Prevención de Riesgos Laborales, consolida una cultura de seguridad responsable, proactiva y orientada a la protección de las personas.

Glosario

Autoprotección

Conjunto de medidas organizativas y técnicas destinadas a prevenir y actuar ante emergencias por parte de los propios ocupantes o trabajadores de un centro.

Botiquín de primeros auxilios

Contenedor con material sanitario básico (gasas, vendas, antisépticos, guantes, etc.) para atender de forma inmediata a personas heridas o enfermas antes de recibir asistencia médica.

Centro de control (o puesto de mando)

Lugar desde el que se coordinan las actuaciones durante una emergencia, se reciben los avisos y se mantiene la comunicación con los equipos y los servicios externos.

Equipo de Alarma y Evacuación (EAE)

Grupo encargado de activar la alarma, organizar la salida de las personas y asegurar una evacuación rápida y ordenada hacia los puntos de reunión.

Equipo de Primera Intervención (EPI)

Personal formado para actuar de inmediato ante un conato de incendio mediante el uso de extintores o bocas de incendio equipadas.

Equipo de Primeros Auxilios (EPA)

Miembros designados para prestar atención inmediata a los heridos y mantenerlos en condiciones estables hasta la llegada del personal sanitario.

Evacuación

Desplazamiento controlado y ordenado de las personas hacia un lugar seguro cuando se produce una situación de emergencia.

Fractura

Rotura total o parcial de un hueso, que puede ser cerrada (sin herida visible) o abierta (con exposición ósea).

Hemorragia

Salida de sangre de los vasos sanguíneos debido a una lesión. Puede ser capilar, venosa, arterial o interna.

Jefe de emergencia

Persona responsable de evaluar la gravedad de una situación, activar el plan de autoprotección y coordinar a los equipos de intervención.

Luxación

Desplazamiento de los extremos óseos de una articulación, provocando dolor e inmovilidad.

Plan de autoprotección

Documento que recoge la organización, los medios humanos y materiales, y los procedimientos para prevenir y actuar frente a emergencias.

Primeros auxilios

Atención inmediata que se presta a una persona enferma o lesionada antes de recibir asistencia médica profesional.

Reanimación cardiopulmonar (RCP)

Técnica que combina compresiones torácicas y ventilaciones para restablecer la circulación y la respiración en caso de parada cardiorrespiratoria.

Señalización de emergencia

Conjunto de señales visuales o luminosas que guían la actuación y la evacuación en caso de emergencia (salidas, extintores, puntos de reunión, etc.).

Simulacro

Ejercicio práctico que reproduce una situación de emergencia con el fin de evaluar la eficacia del plan de autoprotección y la respuesta del personal.

Tetraedro del fuego

Modelo que explica los cuatro elementos necesarios para que se mantenga un incendio: combustible, comburente (oxígeno), calor y reacción en cadena.

Vía de evacuación

Recorrido señalizado y libre de obstáculos que permite el desplazamiento seguro de las personas desde su ubicación hasta un punto de reunión exterior.

Ejercicios de autoevaluación

1. ¿Cuál es el objetivo principal del equipo de protección en una emergencia?

   a. Supervisar la limpieza del edificio.

   b. Coordinar los simulacros anuales.

   c. Sustituir al personal sanitario externo.

   d. Actuar de forma inmediata para proteger a las personas y controlar la situación.

2. El Equipo de Primera Intervención (EPI) está formado por personal encargado de:

   a. Atender a las víctimas y trasladarlas al hospital.

   b. Controlar los conatos de incendio mediante el uso de extintores y BIE.

   c. Coordinar la evacuación y el recuento de personas.

   d. Realizar informes técnicos sobre la emergencia.

3. ¿Qué función tiene el Jefe de Emergencia durante una situación crítica?

   a. Evaluar la gravedad, activar el plan y coordinar a los equipos de intervención.

   b. Supervisar los simulacros anuales.

   c. Apagar los fuegos de forma directa.

   d. Atender personalmente a los heridos.

4. ¿Qué equipo se encarga de activar la alarma y guiar la evacuación del personal?

   a. Equipo de Protección.

   b. Equipo de Alarma y Evacuación.

   c. Equipo de Segunda Intervención.

   d. Equipo de Mantenimiento.

5. ¿Cuál de las siguientes tareas corresponde al Equipo de Primeros Auxilios (EPA)?

a. Organizar el simulacro de incendios.

b. Prestar asistencia inmediata a heridos o accidentados.

c. Controlar el acceso de bomberos al recinto.

d. Evaluar la estabilidad estructural del edificio.

6. El Centro de Control durante una emergencia tiene como función principal:

a. Asegurar el cierre de puertas y ventanas.

b. Coordinar las pausas de los equipos.

c. Vigilar el cumplimiento de horarios laborales.

d. Centralizar la información y dirigir las comunicaciones.

7. ¿Qué representa el concepto de autoprotección en un plan de emergencias?

a. Depender de los bomberos y servicios externos.

b. Capacidad de actuar por medios propios para prevenir y responder ante emergencias.

c. Contratar seguros de accidentes.

d. Disponer de un botiquín en cada planta.

8. ¿Cuál es el documento técnico que reúne los procedimientos organizativos y técnicos para responder a emergencias?

a. Plan de Autoprotección.

b. Manual de primeros auxilios.

c. Plan de mantenimiento.

d. Reglamento interno de seguridad.

9. Según el Real Decreto 393/2007, el plan de autoprotección debe incluir:

    a. Solo los planos del edificio.

    b. Identificación de riesgos, medios de protección y procedimientos de actuación.

    c. El organigrama de la empresa.

    d. Información sobre vacaciones del personal.

10. ¿Qué tipo de formación en autoprotección debe recibir todo el personal del centro?

    a. Formación técnica sobre extinción de incendios.

    b. Formación avanzada para jefes de emergencia.

    c. Ninguna, solo los equipos designados deben formarse.

    d. Formación básica o general sobre normas de seguridad y evacuación.

Aplicaciones prácticas

Aplicación práctica. 1. Identificación del tipo de fuego y elección del agente extintor adecuado

U. A. 1. Teoría del fuego, prevención y medidas de emergencia

La eficacia en la respuesta ante un incendio depende de reconocer correctamente la clase de fuego y seleccionar el agente extintor adecuado. Utilizar un medio incorrecto —por ejemplo, agua sobre un fuego eléctrico o con aceite— puede aumentar el riesgo de explosión o electrocución.

En el entorno laboral, cada trabajador o trabajadora debe ser capaz de:
- Identificar el tipo de material combustible que se ha incendiado.
- Relacionar la clase de fuego con su símbolo y color.
- Seleccionar el extintor apropiado, considerando la seguridad personal y el entorno.

El alumnado debe completar la tabla indicando:
- La clase de fuego (A, B, C, D o F).
- El agente o medio adecuado para su extinción.
- El agente prohibido por riesgo de reacción o dispersión.

Escenario	Tipo de material combustible	Clase de fuego	Agente o medio de extinción adecuado	Agente o medio de extinción prohibido
Incendio en una papelera de oficina	Papel y cartón			
Derrame de gasolina en el taller	Líquido inflamable			
Cuadro eléctrico que desprende humo	Instalación eléctrica			
Sartén con aceite ardiendo en la cocina	Grasa o aceite vegetal			
Chispas en polvo de magnesio en el laboratorio	Metal combustible			

Aplicación práctica. 2. Coordinación y toma de decisiones en un simulacro de evacuación

U. A. 2. Organización de la emergencia

Una empresa de servicios ocupa un edificio de cuatro plantas con 120 trabajadores. El plan de emergencias prevé una evacuación general en caso de incendio o amenaza interna. El responsable de prevención ha programado un simulacro sin previo aviso para comprobar la respuesta del personal.

Durante el simulacro, ocurre lo siguiente:

1. En la planta 3, el detector de humo activa la alarma.
2. El equipo de intervención acude y observa humo en la sala de fotocopiadoras.
3. El jefe de emergencia, ubicado en el centro de control de planta baja, debe decidir si evacúa solo esa planta o el edificio completo.
4. En el punto de reunión exterior, los equipos de evacuación reportan que faltan tres personas del área administrativa (planta 2).
5. El jefe de intervención informa de que el foco está controlado y que se trataba de un sobrecalentamiento del equipo, sin fuego activo.

Analiza y responde:

1. Valora la situación "in situ": ¿Qué datos son esenciales para decidir si evacuar parcialmente o totalmente el edificio?
2. Aplica el proceso de decisión: Expón la decisión más adecuada y justifica tu razonamiento.
3. Propón medidas de mejora para el siguiente simulacro, basadas en los resultados observados.

Ejercicio de evaluación final

1. ¿Cuál de los siguientes elementos no forma parte del triángulo del fuego?

    a. Reacción en cadena.

    b. Oxígeno.

    c. Combustible.

    d. Calor.

2. El tetraedro del fuego añade al triángulo tradicional un cuarto elemento, que es:

    a. La temperatura de inflamación.

    b. La reacción en cadena.

    c. La fuente de ignición.

    d. El aire.

3. ¿Cuál de las siguientes afirmaciones describe un método de enfriamiento?

    a. Sofocar el fuego con espuma.

    b. Aplicar agua para reducir la temperatura.

    c. Cortar el suministro de gas.

    d. Aislar el combustible.

4. Un fuego en una sartén con aceite de cocina pertenece a la clase:

    a. A.

    b. B.

    c. D.

    d. F.

5. Los fuegos clase C corresponden a:

a. Combustibles sólidos.

b. Gases inflamables.

c. Líquidos inflamables.

d. Aceites y grasas.

6. En los incendios de metales combustibles (magnesio, sodio, aluminio) se debe utilizar:

a. Agua pulverizada.

b. Espuma.

c. CO_2.

d. Polvos especiales clase D.

7. ¿Cuál de las siguientes zonas corresponde al área donde actúan directamente los equipos de intervención?

a. Zona fría.

b. Zona templada.

c. Zona caliente.

d. Zona neutra.

8. En el procedimiento de mando, ¿quién asume la dirección global de la emergencia?

a. Equipo de primeros auxilios.

b. Jefe o director del plan de emergencia.

c. Jefe de mantenimiento.

d. Representante sindical.

9. La comunicación bidireccional constante entre mandos y equipos garantiza:

a. El control eficaz y la coordinación durante la emergencia.

b. El descanso adecuado del personal.

c. La desconexión temporal de los sistemas eléctricos.

d. La suspensión inmediata de la actividad laboral.

10. ¿Cuál es la última fase del proceso de decisión durante una emergencia?

a. Evaluación de alternativas.

b. Control y revisión de la decisión tomada.

c. Comunicación de órdenes.

d. Análisis de recursos.

11. Los órganos de mando y apoyo se definen en:

a. Plan de emergencia o plan de autoprotección.

b. Plan de prevención de riesgos laborales.

c. Informe posemergencia.

d. Reglamento interno de personal.

12. ¿Cuál de las siguientes afirmaciones describe mejor la utilidad de los simulacros?

a. Se realizan solo para cumplir con la normativa.

b. Sirven únicamente para probar las alarmas.

c. Permiten evaluar la eficacia del plan y entrenar al personal en la respuesta ante emergencias.

d. Solo se aplican tras una emergencia real.

13.Tras finalizar un simulacro, ¿qué debe elaborarse obligatoriamente?

a. Una encuesta de satisfacción del personal.

b. Un informe de evaluación con incidencias y propuestas de mejora.

c. Un documento de despido del responsable.

d. Un resumen estadístico anual.

14.¿Cada cuánto tiempo se recomienda revisar y actualizar un plan de autoprotección?

a. Cada cinco años.

b. Al menos una vez al año o cuando haya cambios estructurales o de personal.

c. Solo tras una inspección de bomberos.

d. Cuando se detecten fallos graves en un simulacro.

15.En una RCP básica, ¿cuál es la relación entre compresiones y ventilaciones?

a. 15 compresiones por 2 ventilaciones.

b. 10 compresiones por 1 ventilación.

c. 20 compresiones por 3 ventilaciones.

d. 30 compresiones por 2 ventilaciones.

16.En una hemorragia arterial, la actuación inmediata debe ser:

a. Aplicar pomada sobre la herida.

b. Presionar directamente sobre la zona y elevar el miembro afectado.

c. Colocar una venda sin presión.

d. Aplicar hielo y esperar al médico.

17.En caso de fractura abierta, se debe:

a. Recolocar el hueso en su sitio.

b. No reintroducir el hueso y cubrir la herida con gasas estériles.

c. Aplicar calor local para aliviar el dolor.

d. Realizar masajes en la zona afectada.

18.En una quemadura de segundo grado, la actuación correcta es:

a. Aplicar mantequilla o aceite.

b. Pinchar las ampollas para que cicatricen antes.

c. Enfriar con agua, cubrir con gasa estéril y no aplicar pomadas.

d. Retirar la ropa adherida a la piel.

19.El botiquín de primeros auxilios debe estar:

a. En una oficina cerrada con llave.

b. En cualquier sitio del centro, sin señalización.

c. Solo en la enfermería del edificio.

d. En un lugar accesible, señalizado y revisado periódicamente.

20.Según la Ley 31/1995 de Prevención de Riesgos Laborales, el empresario debe:

a. Delegar la gestión de emergencias en el personal externo.

b. Elaborar planes de autoprotección únicamente en centros industriales.

c. Adoptar medidas de emergencia y designar personal formado en primeros auxilios.

d. Formar únicamente al jefe de emergencia.

Solucionario

Módulo 1. Teoría del fuego, prevención y medidas de emergencia

1. d	**6.** c
2. b	**7.** b
3. c	**8.** d
4. b	**9.** c
5. a	**10.** a

Módulo 2. Organización de la emergencia

1. c	**6.** c
2. a	**7.** b
3. d	**8.** b
4. a	**9.** a
5. c	**10.** d

Módulo 3. Protección, autoprotección y primeros auxilios

1. d

2. a

3. b

4. b

5. b

6. c

7. c

8. a

9. a

10. b

Bibliografía

Legislación

Ley 31/1995, de 8 de noviembre, de Prevención de Riesgos Laborales.

Norma UNE 171370-1:2014, Planes y simulacros de autoprotección.

Norma UNE 23032:2015, Símbolos gráficos para la señalización de seguridad y salud en el trabajo y los planos de evacuación.

Norma UNE-EN 2:1994/A1:2005, clasificación de los fuegos.

Real Decreto 314/2006, de 17 de marzo, por el que se aprueba el Código Técnico de la Edificación.

Real Decreto 39/1997, de 17 de enero, por el que se aprueba el Reglamento de los Servicios de Prevención.

Real Decreto 393/2007, de 23 de marzo, Norma Básica de Autoprotección (NBA).

Real Decreto 485/1997, de 14 de abril, sobre señalización de seguridad y salud en el trabajo.

Real Decreto 486/1997, de 14 de abril, sobre disposiciones mínimas de seguridad y salud en los lugares de trabajo.

Real Decreto 513/2017, de 22 de mayo, Reglamento de instalaciones de protección contra incendios (RIPCI).

Bibliografía

Webgrafía

Clasificación de materiales según reacción al fuego

https://zoom-obras.es/clasificacion-de-materiales-segun-reaccion-al-fuego/

Conozca la nueva norma UNE 23034:2023

https://es.sinalux.eu/es/articulos-tecnicos/conozca-la-nueva-norma-une-23034-2023/

El triángulo y el tetraedro del fuego

https://www.grupoprointex.com/el-triangulo-y-el-tetraedro-del-fuego/

Inhalación de humo

https://www.msdmanuals.com/es/hogar/traumatismos-y-
envenenamientos/quemaduras/inhalaci%C3%B3n-de-humo

Los 4 métodos de extinción de incendios

https://www.inesem.es/revistadigital/gestion-integrada/las-formas-de-extincion-de-
un-incendio

Los planos de evacuación como un elemento fundamental para la seguridad y su normativa en España

https://artser.es/blog/los-planos-de-evacuacion-como-un-elemento-fundamental-
para-la-seguridad-y-su-normativa-en-espana/

Organización y ejecución de simulacros de emergencia

https://iucpol.com/simulacros-emergencia-organizacion/?srsltid=AfmBOor-
DBVtjdhwOedTRo2ZfE5P3LVv2idKEeHR3btAm--Wu4-vglbS

Plan de autoprotección. ¿Estoy obligado a implantarlo? ¿Y en la CAE?

https://www.coordinacae.com/blog/plan-de-autoproteccion/

Planes de evacuación y emergencia de una empresa: normativa y diferencias

https://blog.reale.es/planes-de-evacuacion-y-emergencia/

Seguridad contra incendios

https://www.insst.es/materias/riesgos/seguridad-en-el-trabajo/seguridad-contra-incendios

Todo lo que necesitas saber sobre la Norma UNE-EN 2-1994/A1:2005

https://extintoresguadalajara.com/une-en-2-1994-a12005-clasificacion-de-incendios-segun-el-combustible/

Bibliografía